TO BE
RICH IS
MY AIM

钱意识

沈诱冰◎著

聊一聊99%的人都忽视的秘密

古吴轩出版社
中国·苏州

图书在版编目（CIP）数据

钱意识：聊一聊99%的人都忽视的秘密 / 沈诱冰著．
-- 苏州 ：古吴轩出版社，2017.5
ISBN 978-7-5546-0919-4

Ⅰ.①钱… Ⅱ.①沈… Ⅲ.①成功心理—通俗读物
Ⅳ.①B848.4-49

中国版本图书馆 CIP 数据核字 (2017) 第 084787 号

责任编辑：蒋丽华
见习编辑：薛　芳
策　　划：文通天下 · 刘　吉
封面设计：尚世视觉

书　　名：钱意识：聊一聊99%的人都忽视的秘密
著　　者：沈诱冰
出版发行：古吴轩出版社
地址：苏州市十梓街458号　　邮编：215006
Http：//www.guwuxuancbs.com　　E-mail：gwxcbs@126.com
电话：0512-65233679　　传真：0512-65220750
出 版 人：钱经纬
经　　销：新华书店
印　　刷：北京市凯达印务有限公司
开　　本：880 × 1230　1/32
印　　张：8.25
版　　次：2017年 5月第 1 版 第 1 次印刷
书　　号：ISBN 978-7-5546-0919-4
定　　价：36.00元

自 序

我叫沈诱冰，是一个集智慧、财富于一身的美女。

我不是“富二代”，也不是“官二代”，我没有过高的学历，也没有特殊的天赋，唯一让我可以津津乐道的，是我懂得潜意识，而且我了解它的强大力量，并懂得如何将它运用在我的生活中，为我的每一个梦想服务，让我慢慢跻身于有钱人的行列。

我获得的第一份工作是某厂的大区经理。这个职位不只是好听，而且相当来钱。我不得不说，这与我此前醉心于潜意识有着紧密关系。

在工作之余，我一直没有间断对潜意识的研究，靠此帮助自己的同时，也帮助了很多朋友走出了生活的阴霾，消除了他们很多心理上的包袱，我也被人莫名地冠上了“心理导师”的头衔。

一路走到现在，我的年薪实现了不可思议的飞跃。然而，我从不将此归功于我的运气好，或者我的能力有多强。我认为自己在看待某些问题的时候，思维方式稍微有些与众不同，正是这么一点小小的不同，让我在现实生活中摘得了“思想决定命运”的善果。

我经常不按常理出牌，因此有许多质疑声围绕着我，但这并不能打断我坚持做自己的决心。我的亲人和朋友评价我的人生是“一场不可思议的冒险”，因为我老去尝试一些看上去“不安全”的事情。他们看到的只是某种表象，但我知道自己在干什么。

我从来不会怀疑自己正笃定在做的事情，且把每一次考验当作礼物收藏在人生的旅途中。

今年，我看了一本名人著的书，他在书里面谈了一个自己的观点：一个人在三十岁之前，是不可能靠自己独自买房、买车的。我相信很多朋友会狂赞这个观点，包括上学时期的我，也是这么认为的。

可我要告诉你的是，在我二十三岁的那年，我拿着自己所有的积蓄买了我人生的第一辆车——甲壳虫，虽然不是很贵的车，但却是我十九岁那年偶然在机场见到它第一面后，就一直垂涎欲滴的车。紧接着我在二十七岁的那年，靠个人能力独自买了一套房子，而且是价格不菲的海景房。在 2016 年 9 月，我迎来了自己三十岁的生日。为此，我想告诉所有质疑过自己能力的年轻人，只要懂得将有钱人的思维装进大脑里，三十岁之前，你绝对可以实现靠自己买房、买车的梦想。

2015 年年初，我出了一本书，即《就这样心想事成》。从看过这本书的读者的大部分反馈来看，他们基本给予了正面评价。这也进一步增强了我的自信心，让我更加确定一件事——只要懂得利用自己潜意识的力量，“心想事成”并不是遥不可及的。看到读者陆陆续续写来的感谢留言，我真的非常欣慰，同时也非常感谢读者对我的认可。

《就这样心想事成》这本书讲的是如何运用潜意识让自己“心想事成”。在很多读者给我的留言提问中，我发现，除了少部分人就“如何变美”“如何变自信”“如何获得完美爱情”等话题跟我进行过一些交流外，大部分的人更关心的是“如何才能真正在事业上取得成就”，说白了就是如何变得有钱。

你可能会说：“我认为只有那些类似于马云的商界牛人，才有资格教我们如何成为有钱人。”

可我想对你说：“老师和科学家的区别是什么？在拥有相同的知识理论的前提下，老师更懂得如何把知识进行有效的传播，而科学家多数更懂得对知识的运用。我曾经听过几次有钱人的演讲，整场演讲下来，我都有一种相同的感觉，我认为他们并没有把如何让自己越来越强大的核心思想给说出来，也没有给到听众实质性的建议。在我看来，有钱人的演讲更像是一场充满鸡汤味的真人秀。虽然我离那种富甲一方的程度还相差甚远，但我更懂得把隐藏在有钱人背后的秘密说出来，告诉你为什么有的人穷，而有的人富。”

你可能会问：“你算是有钱人吗？真正的有钱人，是口袋里有很多钱，是银行卡里有很多钱，你是这样的人吗？”

可我想对你说：“算，我当然算是有钱人！但你说的可不一定是真的有钱人，真正的有钱人主要是脑子里装满钱，而不仅仅是口袋里有钱。口袋里有钱的人，可能是个‘富二代’，可能是个买彩票中大奖的人，可能是个暴发户……但这些人并不是真正的有钱人。”

你可能会问：“脑子里有钱有什么用？我可是天天在想钱，也没看到钱在哪里，买东西付款时总不能拿脑袋刷吧！”

我会告诉你：“你这只是在想钱，而不是确信自己会很有钱；你这只是把金银财宝和钞票的影像放在了自己心里，想的并不是影像背后的观念。”

你可能会问：“背后的观念？什么观念？”

我想对你说：“无论什么时候，失败或是成功，有钱花或负债累累，我都会很坚定地认为自己是一个有钱人，且丝毫不会怀疑。这就是我的观念。

“当这个观念像木钉一样钉进了自己的大脑里，那么离你在现实中够着想象的财富就不会太遥远了。这个观念，也是成为有钱人必须具备的一条信念，而且没有第二条。”

你可能会问：“如何让这个观念像钉子一样被钉在自己的大脑里呢？难不成每天像念经一样去念，念上个一千遍、一万遍吗？”

我想告诉你的是，如果你真这么做了，我将替你感到高兴，比那些不相信自己会成为有钱人的人来说，你已经开始向有钱人的部队迈进了。

财富积累到多少才能称之为有钱人？

月薪或者年薪达到多少才算是有钱人？

我相信每个人的答案都是不一样的。年薪五万的人会认为年薪十万的人是有钱人；年薪十万的人会认为年薪百万的人是有钱人；年薪百万的人在“先挣它一个亿”没有实现前会觉得财产过亿的人才算是有钱人……

我的态度：我就是有钱人。我可以将我大部分的梦想变成现实，而这些梦想可以带给我源源不断的财富，虽然在别人看来，我赚钱是如此轻而易举。

话说没有人不喜欢钱，没有人会嫌弃自己钱多。即使是你看见的那些常常捐钱的慈善家们，他们也不例外，但他们更加享受把自己赚钱这件事变得有意义，所以他们也很享受把自己创造的丰厚财富回馈给社会的感觉。

我喜欢钱，也在为成为更有钱的人奋斗。“钱不是万能的，没有钱是万万不能的”，大多数人的耳朵早就被这句话磨出了茧子，可总是很少人知道，到底应该怎么做才能过上物质充裕的生活。很多人也买过无数的励志书籍，读过无数的心灵鸡汤文，看过无数的名人自传……而在这个过程中，自己好像被打了鸡血一样，甚至会产生幻觉，认为书中描写的正是自己的明天。

然而过不了几天，你又会被自己消极的心态打回原形，继续让浑浑噩噩的精神因子流淌在自身的血液里，每天歪着身子坐着，对着手机或者电脑上下翻看着无聊的新闻，除了眼珠子和手指在动，其他部位一动也不动，活像个僵尸，一点也不知道反思为何会在网络游戏、名人微博和“网红”视频中浪费自己美好的光阴。这等于说，你活着的意义就是帮那些外表光鲜的偶像们刷屏点赞，或者翻看一下商界牛人们的经典语录，然后不断质疑自己的能力，甚至根本看不到自己有什么能力。

这样的你，人生价值在哪？

你有关注过自己的内心吗？

你有发自内心地看好过自己吗？

“天生我材必有用”，每个人都有自身的闪光点。同样，每个人也都有自己不足的地方。很多人的意识放错了焦点，把大部分的时间和精力用来观察自身的弱项，更可笑的是，还非常爱用自己的短处与别人的长处相比较。长此以往，你理所当然会认为自己很没用、很差劲。所以你会感到自卑，所以你也会让别人感受到你的不自信。请问，这样的你，怎么可能让别人仰望你，怎么可能心想事成，又怎么可能成为有钱人？

一说到怎样成为有钱人，很多人首先就会想到“投资理财”这四个字。很多人阅读投资理财类的书籍，就是为了让自己可以少走弯路，轻松赚大钱。之前，我也看过一些投资理财的书籍，内容大多都过于严肃，过于专业，言语也过于老成。我认为对大多数年轻人来说，根本谈不上什么借鉴。

所以，我下决心要写一本年轻人也能够轻松驾驭的“理财书”。

当然，我这本书主线谈的不是理财，而是人的思维和认知。这是一本让你拥有有钱人的心理，以及培养你最原始、最简单的有钱人思维的“励志书”。

心理学不仅是用来治疗心理疾病的，懂得心理学的人，会让一个人在成为有钱人的道路上少走一些弯路。而被我们很多人忽略掉的潜意识，却悄悄主宰着我们的财富命运。实际上，这正是本书与别的书不同的地方，它的目的是让你尽快变成真正的有钱人。

在这个世界上，关于钱的所有行为，离不开四个词：借钱、花钱、赚钱和存钱。而你可能从来不知道的是，在有钱人的心里，他们对这四个词传递出来的信息是另外一种领会。在看此书的过程中，你可以对照自己的想法，发现和反思自己与有钱人的不同。希望通过我的分享，可以帮到你，帮你扭转自己的固有观念，开启一种全新的思维模式，尽快实现成为有钱人这个目标。

目 录
Contents

导 言

在本书的开始，我们先来对照一下，有钱人和穷人看待借钱、花钱、存钱、赚钱这四个词的思维方式有什么不一样，在他们潜意识里的信息有何不同?

在有钱人和穷人的心里面，这四个词的排列顺序就不大一样。

有钱人：借钱→花钱→赚钱→存钱（或者不存）。

穷人：尽量避免借钱→赚钱→存钱→花钱。

为什么我要先强调这个顺序?

正是这个顺序决定了你是有钱人，或是穷人。

一、借钱

有钱人潜意识里的信息：

①我可以赚到钱，我也还得起，我不怕借钱；

②我发现一个很好的项目，一定要借钱投资；

③能从银行借到钱，就绝不从亲人和朋友手里借；

④不断借钱是为了业务规模不断扩大；

⑤借钱可以提前让我过上好的生活，借款利息算不了什么；

⑥我很享受每一次按揭还贷，既可以增加信用，手里又可以留下更多的流动资金；

⑦我知道各种正规的借钱渠道和贷款业务；

……

穷人潜意识里的信息：

①张口借钱的人是穷人，我自己有积蓄，不需要借钱；

②没有可靠消息，我才不会借钱去做投资；

③钱如果不够，即使让我借钱我也绝不从银行借，因为会有利息产生；

④万一借的钱我还不上，一切都完了；

⑤我才不愿意靠抵押房子去银行借贷，那样的话，房子就不属于我了；

⑥买东西能全款就绝对不按揭，这样不用交多余利息；

⑦我大概没有资格从银行贷款；

……

二、花钱

有钱人潜意识里的信息：

①我花钱，我还可以赚回来；

②每一次花销都是一种变相投资；

③物质方面，我不会将就，尽量“高大上”；

④如果多花点钱可以节省时间和精力的话，那就多花一些；

⑤与业务上的投资相比，投资自己也是不可忽视的；

⑥我不爱占便宜，买单时抢着付钱；

⑦能用钱解决的问题都不是问题；

……

穷人潜意识里的信息：

①钱是花一分就少一分，能不花就不花；

②我要向很多省钱达人学习如何省更多的钱；

③买名牌是铺张浪费，是不会过日子的表现；

④我总是很关注各种打折、搞特卖的活动；

⑤我要尽量少花钱，留着给孩子将来用；

⑥我喜欢跟他（她）一起出去，因为他（她）总是抢着买单；

⑦我也想花钱，可总是没钱给我花；

……

三、赚钱

有钱人潜意识里的信息：

①我的周围处处隐藏着商机；

②我从不追求眼前利益；

③把自己擅长的事做成事业，做强做大；

④我不会为钱而工作；

……

穷人潜意识里的信息：

①赚钱真的太难了；

②我没有背景，也没有积蓄，更没有路子，根本不可能赚大钱；

③看看哪一家店赚钱，可以加盟一下；

④有钱赚，不喜欢也要坚持做啊；

……

四、存钱

有钱人潜意识里的信息：

①我不会去存钱，我总有新的项目需要投资；

②我不愿意存钱，银行存款利息太低；

③长期存钱只会让钱贬值；

④赚的钱都铺在下一批的货里了，没钱可存；

⑤存钱和炒股，我更会选择后者；

⑥银行贷款还未还完，没钱可存；

⑦我的后代会像我一样能干，不需要我给他们留积蓄；

……

穷人潜意识里的信息：

①有钱人的钱是存出来的，存一分就多一分；

②把钱存在银行，多少可以赚取利息；

③存个定期，利息会高一些；

④为了孩子以后买车、买房，我需要存点钱；

⑤存钱让我有安全感；

⑥存钱，才有好日子过；

⑦不存钱的话，生病了怎么办；

……

看看你身边的有钱人，通过了解他们的故事，可以很轻松地挖掘出隐藏在他们内心世界的财富潜意识，他们独特的潜意识造就了他们的每一次行动，也造就了他们成为有钱人的实质。

他们的每一个小行为，在你眼中，也许并没有什么特别的地方，但为什么你就是做不到呢？无论如何，请你相信一点：你想变成有钱人，你首先要做到的是永远相信自己就是有钱人，即使现在还不是。

有一次，我和表妹看一档名人访谈节目，受访者是一个名人的后代。

看完后，表妹闷闷不乐。

她：“你说人家命怎么就那么好。人家父母都是名人，后台那么硬，求谁谁都愿意帮忙，想做什么做不成啊！”

我：“为什么要去求人呢？为什么不是求自己的潜意识呢？求别人有可能被拒绝，求自己的潜意识，百分之一百不会被拒绝，而且可以协助你将自己的愿望最大化实现。”

她：“此话怎讲？”

我：“这个世界上有一种比后台更硬的东西，就是我们每个人的潜意识。潜意识的创造力和破坏力都是无限的。若我们善加利用，我们的生活便无往而不利。”

我们常常听到一个词叫“精神力量”，它的根本来自哪里？

它就来自我们的大脑。

我们也常听到另外一个词叫“潜能”，也就是潜在的能力。

它也来自我们的大脑。开发潜能，即开发潜意识。

那么，到底潜意识是什么？

潜意识是心理学名词。但是在我看来，我们的潜意识就是自己足够信仰的东西。例如：我喜欢一个人，我喜欢一种食物，我讨厌吃油腻的东西，我害怕做某件事，我很自信，我很笨，这个题目应该选择A，那样做会更容易促成业务，等等。这些都可以构成我们的潜意识，它是一种观念或信念，有时也可能是一种稳定的判断和认知。

我们大脑中无数条信息构成了我们的潜意识，有一些经常是活跃的，有一些不那么活跃。这些信息来自于细胞遗传的信息、外界的信息以及后天由我们自己主观总结的信息。除了人类自身遗传的信息，其他信息需要我们在大脑里不断地重复，才会被激活，才会慢慢影响我们的言行举止和生活。

开发潜意识的主动权始终在我们手上，因为我们永远是信息的传送者，而潜意识永远是被动接收者。无论是什么样的信息，好的，或坏的，正面的，或负面的，只要是我们不断在大脑中重复的，都可能会成为活跃的潜意识，最后都会作用在我们自己身上。

例如，一旦“我皮肤很差”这条信息在你的大脑中不断重复，成了活跃的潜意识之后，你的皮肤就会在差的行列里待着。而每当你满脸脓疮，或者看见了皮肤很好的人，你都会无意识地在自己的大脑中重复“我皮肤很差”这条信息。

久而久之，你会发现自己出现根本没有办法忌口，狂爱辛辣油腻的食物，或者生活作息严重不规律，或者心中总有一口莫名的闷气得不到舒缓，或者越来越不爱运动，不爱护肤，经常用各种廉价护肤品捣腾自己的脸，或者总爱用手在脸上触摸长痘的地方等一系列让自己皮肤越来越差的行为。这就是你的潜意识在无意中暗暗操控着你的行为。

再拿赚钱这个事情来说，当我们无数次在大脑里重复“我不是有钱人”这句话，当“我不是有钱人”成了活跃的潜意识，我们的行为会出现这样的变化：做事畏手畏脚，不自信；业务谈判过于紧张，谈判结果不理想；投资生意失败后，不敢尝试新的投资；省吃俭用，拼命存钱，尽量不花钱；爱占小便宜，没有长远眼光，追求眼前利益，等等。这些表现，与成为一个有钱人，刚好背道而驰。

我们每个人都有过类似这样的感觉：我明明没有这么想，为什么我却这么做了呢？

这就是我们的潜意识在积极地发挥作用。

你觉得自己非常喜欢一个人，最后却没有跟这个人在一起。这说明在你的潜意识里，你对这个人还是不够喜欢。或许，你一直在自己的大脑里反复回忆他对你冷淡的画面，你在大脑里无数次整理出“他不喜欢我”或者“我不想再继续热屁股贴冷板凳”这类信息，然后让你们之间的关系一步步疏远了，最后终于分开了。

分开了以后，你可能会到处问朋友：“为什么我这么喜欢他，却没有缘分跟他走进婚礼的殿堂呢？”

说到底，你是忽略了自己潜意识的力量，你高估了自己对他喜爱的程度。

有一次，我帮公司面试新职员。让我印象很深刻的是，其中一个应聘者是北京大学的硕士，他来应聘技术管理职位，很多股东一看学历，又听了他流利的面试作答，对他相当满意，恨不得立马签下他。

我：“你可以如实地评价一下自己吗？”

他：“我是一个很有正义感，性格平和，很有包容心的一个人。”

我："你的意思是，你认为自己为人耿直且大方，性格温和咯？"

他："是的。"

我："这个职位确实需要有头脑且有包容心的人。但我可以很肯定，你不是这样的人。你年纪轻轻，眉宇间却有很深的川字纹，表明你的心态一点也不平和。一个连自己也看不清楚的人，是没有办法管理好别人的。所以，在我这里，你的面试没有通过。"

部分股东听了我的话深感惊讶，可最终的结果是公司没有录用他。

小伙子对我也是怀恨在心，事后我收到一些短信，是他发给我的，几乎全部都是情绪发泄甚至骂我的话。

我看到那些信息，突然笑出声了，这就是一个评价自己性格平和且有包容心的人？

三年之后，我发现他在一家跟我们是竞争对手的公司里上班。

在一次产品洽谈会上，我跟那家公司的总经理闲聊了几句，提到了他。总经理评价他：刚来不久，学历虽然挺高，但是思想好像不太稳定，很急躁，来公司之前，他曾频繁地换工作，我不太看好他。

很显然这位总经理的话也印证了我当时的判断。很多时候，语言可以精心设计，表情也可以临场装扮，但是人的潜意识是不会骗人的。你的面相、处事方式、收入、生活状况等，都在一定程度上反映出你潜意识的信息。

还是回到“钱”上来吧。

每一个人都会有各种各样的梦想，每个人的梦想各有不同，但大都离不开一个“钱”字，因为在很多人的潜意识里，能够变成有钱人是自己一直在坚持梦想的最好证明。

有意思的是，坚持自己的梦想，一开始往往是看不见钱的。于是，很多人反过来又以“为了钱”的名义而放弃了自己的梦想，做着自己不擅长也不喜欢的工作，直到熬干自己的生活热情，临了，还在感叹人生十有八九不如意。

一些表面看上去含金量大的工作，对大部分人来说难免有着强大的吸引力，比如成为演员、歌星……尽管这些行业里的黑幕不断地被爆出，依然有很多人挤破头往里钻，犹如飞蛾扑火。与其说他们是为了出名，不如说是为了出名后更容易赚钱。

实话实说，如何成为有钱人，十足是当下的一个全民话题。几乎每个人都在追逐金钱。

我一直认为，爱钱不是一件丑事。而一个人赚钱的能力和他开发潜意识的能力又是成正比的。

无论你从事什么职业，若可以把控自己的潜意识，不断调动潜意识中的正面信息，你都会在自己的领域里发光发亮。那时，你一定是个有钱人。

在我的微信里有一个群，叫“心灵交流群”。一些热爱心理学的朋友经常会在里面交流各种心得，也汇聚了不少研究潜意识的朋友。我有空就会进去听一听、看一看。有一次，群里面有一位长辈说了这么一段话，让我印象深刻，也刚好契合这本书的主旨：我们的正常认知是“等我有钱了，我再去买我想要的东西”，然后我才认为自己是个有钱人，而潜意识认知则完全是另外一回事，那就是“我先是有钱人，做有钱人该做的事，然后我才会越来越有钱”。

PART1

借钱：有钱人善于挖掘自己的潜力

你是个愿意借钱的人吗

借钱，是一种需要勇气的行为。一个人敢借钱，藏在其潜意识里的信息大致分两种。一种是正面的：我会成为有钱人，或者借钱让我更有动力赚钱。另一种是负面的：若是再不借钱，我的日子就过不下去了。同样的，一个人不敢借钱，藏在其潜意识里的信息也有两种。一种是正面的：我要做一个安分守己的人。另一种是负面的：我借了钱也没有能力还钱。

没有人天生就愿意去借钱，特别是对一个没有什么冒险精神的人来说，改变自己潜意识里的信息，需要一个契机，甚至需要无数鲜活的刺激摆在眼前，他才会调动出头脑中非借不可的念头。然而，只有改变了自己潜意识里的信息，你才会觉得借钱这个行为并不是被逼迫的。

爱借钱的同学

当我还是一个初中生时，经常会在课间休息时遇到某个同学像哈巴狗一样趴在我的桌子面前问我有没有钱，问我能不能借给他一点钱。如果我说没有，他又会赖在其他同学的课桌前嚷嚷着借钱。

后来，我会不自觉地把“无赖”这个标签像狗皮膏药一样贴在他的身上。

事实是，每当他迎面向我走过来时，只要跟我眼神一碰撞，他瞬间便会露出一副奸猾的笑容，似乎“有没有钱”这一问，分分钟要从他嘴里蹦出来一样。

那时，我和班里的大部分同学一样，特别鄙视那些经常爱东借西借的同学。

我发现，几个爱借钱的同学身上有几个共性：男生；不是坐在最后一排，就是第一排；课间休息时，从来不会安静地坐在自己的座位上；脸皮特别厚；满嘴谎话；成绩一塌糊涂；经常逃课……

如果说班里谁丢了东西，我会不自觉地认为是他们当中的某个人干的。

有时，我也会对他们为什么要借钱进行各种猜想：上网打游戏，搞坏了谁家的东西需要赔偿……

后来发生了一件事，改变了我对他们的看法。

王西南，我的初中同学，在班里是出了名的爱借钱的家伙。

2001 年初三下学期，我和他是同桌。

当时，我的视力有些下降。数学老师每次在黑板上出题，字都写得特别小。所以我每次看黑板上面的那些题目，都有些吃力。我为了美，不愿意佩戴近视眼镜。有意思的是，数学老师偏偏又爱点我的名字，让我看着黑板回答问题，弄得我每次都特别紧张，因为不戴眼镜的我无法看清楚题目，自然也就不可能答对题目。

王西南视力特别好，每次见我眯着眼睛看黑板，他都会笑话我。

有一次，他偷偷跟我说："这样吧，你借十块钱给我，我以后天天帮你抄黑板上的题，否则你再这么下去会变成一个'眯眯眼'。"

我白了他一眼，一口回绝了他。

那时，我会用一个星期时间把零花钱攒起来。我攒不到很多钱，只能攒到五块钱或十块钱的样子。我攒这些钱以备急用。他一下子向我借十块钱，我自然会下意识地一口回绝他。

另外，我认为他这样的人人品不好，明明是举手之劳的事情却非要谈条件，让我非常厌恶，所以我必须一口回绝他。

接下来的每一天，一到课间休息的时候，王西南就瘫在其他同学的桌边借钱。可想而知，没有什么人愿意把自己的零花钱借给他。我很好奇他到底要干什么，一定要借钱吗？我决定问个明白。

“你需要借多少钱？”

“二十块。”

“你借二十块钱干什么？”

“我嘴里的‘大牙’被蛀了个洞，这几天非常痛，需要赶紧去补牙。”话音未落，他便张开了嘴，让我看他的蛀牙。

“你怎么不告诉你爸妈，让他们带你去医院啊？”

“我爸妈很久没回家了，我跟着奶奶住。”

“那告诉你奶奶啊！”

“她天天在外面捡垃圾卖，二十块钱，够她捡一个星期的垃圾了。”

“二十块钱，没有同学会借你这么多啊，你借不到的。而且即便你借到了，你怎么还呢，不会想着以后赖账吧？”

“如果每个人愿意借我五块钱，有四个同学就够了；如果每个人愿意借给我两块钱，有十个同学也就够了。我表叔在门口卖油酥饼，五毛钱一个。我每天早上可以带油酥饼给同学当早饭，直到够抵消我借他们的钱。到了暑假，我可以在表叔那儿帮他打一个星期的工，工钱刚好可以抵掉每天从他那里白拿的油酥饼。”

听到他这样讲，我并没有什么惊讶的感觉。那时的我，对赚钱没有任何概念，总认为赚钱是大人们的事。现在想想，王西南头脑中的这一套，正是一个有钱人该有的思维。

“你为什么不直接向你表叔借钱呢？”

“向我表叔借饼可以，但是借钱就不行了，他怕我出去干坏事，我也懒得解释那么多。”

经过一番斟酌，我还是把口袋里仅有的五块钱借给了他。

这是我人生中第一次借钱给别人。

他很开心，并许诺多带一天的油酥饼给我。

第二天，他果然兑现了自己的诺言，带了油酥饼和豆浆给我当早餐。

下午，他张开自己的大嘴，给我看了他补的那颗牙齿。

我很好奇，他这么快就借够了剩下的十五块钱？

他跟我说，他找了班主任，班主任借给了他十五块钱，并且也愿意接受他每天带早餐来抵债。

接下来，大概有十天，我每顿早餐吃的都是豆浆和油酥饼。

有意思的是，当他抵够了五元的债，我竟然想继续跟他买油酥饼当早餐。

他很爽快地答应了我。

他表叔店里的油酥饼，小一点的是五毛钱一张，大一点的七毛钱一张。我每天给他一块钱，他会给我带一张七毛钱的油酥饼，外加一杯五毛钱的豆浆。我忽然意识到，他是一个很懂得感恩的人。

过了一个月，他又问我借钱，而且这次开口向我借二十块钱。

“我没有这么多钱，你这回又要干吗？”

“我想买一台索尼随身听。”

“天啊，那起码也要三四百块呢，若家长不买给我们，我们学生哪里买得起啊！”

“从别人那里买个二手的，只要七十块钱，那台还是很新的，七十块很划算了。”

“那钱也不够啊！”

“我每天放学后帮我表叔送面粉，上次欠的债还清了，另外又赚了五十块钱。我一定要把那随身听买下来，这样我每天都可以听偶像的歌了。”

“我还想攒够十块钱去买盒磁带听听呢！”

“你借给我，我买了随身听，你也可以听啊。”

“可我只有十块钱啊，你不会还想向班主任借吧？这回班主任是不会借给你的。”

“我不用告诉她理由，只要告诉她我每天早上会继续给她带早饭，她肯定就会借给我了，毕竟有了第一次借款，她知道我不是个要赖的人。”

后来，他真的买了索尼随身听。

他赶时髦从来没有掉过队，这给班里很多同学造成了一种错觉，他们认为王西南的家庭条件很好。

那时，很多同学也有随身听，但大都不是索尼这样的名牌随身听，一台最多也才一百来块，甚至很多都是几十块一台的那种，而且基本都是用父母的钱买的。

王西南通过自己挣钱买了索尼随身听，我竟然还没有意识到，在对待钱的态度上，我们同龄人早已被他甩到了十万八千里外，他已经开始在自己的潜意识里不断强化“我是一个很会赚钱的人”这样的信息了。

中考过后，我去学校填志愿的时候，看见他在他表叔的饼铺帮忙。

我上去跟他打招呼，笑着问："债还完没啊？"

"早还完了，我在这帮忙一个多月了，现在已经赚了两百块了。"

两百块钱，当时对于一个初中生来说是一笔巨款。

在那个瞬间，我真的有点打心底里佩服他。

因为有了几笔债，不仅让他找到了还钱方式，还让他知道了如何去赚更多的钱。

三年后的一个夏天，我历经种种困难，终于将梦寐以求的留学签证拿到手。

当我还在幻想着国外的月亮比国内圆的时候，某一天，我在老家街上遇见了王西南，他正从一个面包车上往下一箱一箱地卸水果。

我有预感，他一定是初中毕业就没有继续读书了，又或者在给别人做暑期工。我上去和他打声招呼，想顺便在他面前炫耀一下我马上就要出国的事。

他也看到了我，并且先叫了我的名字，灰头土脸地冲我傻笑。

“三年不见了，你这是在给谁打工啊？”

“给自己打工。”

“什么情况啊，快说来听听！”

“我初中毕业后，爸妈离婚了，他们天天不回家，我也就懒得继续上学了。然后，我跑去广东给别人打了一年的工，主要就是给一个老板当跑腿的，他很信任我。我奶奶身体不好，加上我爷爷早不在了，没人照顾她，我很快便从广东回来了。我奶奶不愿意跟着我爸过，她身体很差，离不开我，可我身上没有一分钱。我爸为了补偿我，把唯一的房子过到了我的名下。我很想赚钱，我想自食其力，我不想问父母再要一分钱，我希望做点事让奶奶可以过得好一点。我当时赚钱的念头特别强烈：我一定要赚钱，而且要赚很多钱。我周围的亲戚都很穷，没有人可以投靠。当时，我姨父在水果批发市场当搬运工，天天在我面前说，批发水果很来钱，因为现在搞批发的人不多，谁有钱投资，谁能吃苦，谁就有钱赚。我想破了脑袋哪能弄到投资的钱，想到了自己手上有套房子。于是，我把房子抵押给了广东的那位老板，从他手上借到了六万的启动资金。水果批发，我已经做了快两年了，在我们这个城市已经慢慢做出了规模。你以后如果需要水果，记得打电话给我呀！”

说完，他笑眯眯地从口袋掏出了一张名片给我。

“那就等于说，你房子只卖了六万？”

“当时急需借钱，只能拿房子抵押。六万早还完了，现在赚了四十多万了。等我赚足一百万，请你喝茶。”

听完后，我怎么还好意思在他面前讲出国留学的事呢？

高中毕业以后，我得知从小一起长大的几个小伙伴不是要去法国，就是要去英国，我心里痒痒的，加上高考考得不太理想，得知在国内也上不了什么好大学，我就也想着要跟风出国留学。

然而，我们家里的经济条件跟人家不能比。

我父母是工薪阶层，每月只有固定工资，没有什么额外收入，银行里的存款更是少得可怜，根本不能供我去国外读书。

我也不知道当时我着了什么魔，就是一心想着出国。为了能够出国，我天天在家生闷气，并扬言说，如果出不了国，就连大学也不读了。

父母没办法，只有同意让我去费用相对来说最低的马来西亚。经过一番东拼西凑之后，父母总算凑齐了去马来西亚留学的第一年费用：五万。

相比之下，人家王西南自己借钱，不仅还清了债务，而且在十八岁的年纪竟然已经赚了几十万。

那天听完他的事后，我回到家里半天回不过神来。

再后来，王西南同学的故事，影响了我好多年。我知道，我的潜意识里已经开始接收他的一些思想观念，他的这些思想观念在一次次反思和重现中慢慢转化为我头脑中比较活跃的潜意识信息，从而彻底改变了借钱这件事在我心中的偏见。

以前，我一直认为那些张口闭口借钱的人，都是生活在社会底层的人，都是没什么用的人，我还认为那些喜欢借钱的人，肯定也都是不爱还钱的人，甚至我认为他们跟小偷和强盗没什么两样，都是想不劳而获的人。直到王西南的事情发生后，我才相信：**只有敢借钱的人，才能激发出赚钱的潜能。**

2005年，怀着忐忑的心情，我独自来到了陌生的马来西亚求学。

我手中一摞五万的人民币，一分钟不到就被换成了只有原来一半厚度的马币。交了房租、学费后，我手里的钱已经所剩无几。

从此，我小心翼翼地开始了我的留学生活。

因为我的英文很差，所以不能直接进入大学学习。于是，我在马来西亚先是学英语，学了五个月。

等到可以进入大学时，我手里已经一毛钱也没有了。

当时，我的第一感觉是被国内给我办理留学签证的机构给骗了。他们告诉我，五万在马来西亚学习一年绰绰有余，可我这才刚过几个月，就已经没有钱了。而且在这几个月里，我除了吃饭和买日用品，几乎没买过任何东西。

眼看自己马上就要正式进入大学学习了，我算了一下大学的学费，再加上我的日常开销……我还需要家里给我寄近八万，才能继续待在马来西亚读书。

之前，交了中介费，加上乱七八糟的费用，另外再凑齐五万的留学费用，我感觉已经快要了爸妈的命。这下可好，他们两个人的工资加在一块，一年不吃不喝，也不过四万人民币，再追要八万，恐怕真的会要了他们的命。我也顾不了还能不能进入大学了，我感觉如果继续再学下去，岂不是要让我爸妈去卖家当？

那一刻，一股强烈的愧疚感油然而生，这是我长那么大以来第一次有这样的感觉。

我痛恨自己出国前的任性、幼稚——不管三七二十一地坚持要出国。钱花了好几万了，还没有学到什么，这就有可能要直接打包回国了。

那天晚上，我拨通了我妈的电话，但通话内容让我彻底惊呆了。

“你的英文课程结束了吧？今天去大学面试结果如何？”

“嗯……结束了，面试通过了。”

“你爸今天去银行把钱全部换成了美金，明天我给你汇钱，记得查看银行账户啊。”

“学费折合人民币六万一学期啊。”

“学费挺贵啊，能怎么办呢？这是你自己的选择。明天我给你汇八万，你省着点用。”

“你哪来那么多钱啊？又去借的吗？”

“还不是被你逼的，当初你非要去留学，你也知道的，仅仅靠我和你爸那点工资肯定不行啊。我和你爸决定供你出国留学后，就一直在想有没有其他的赚钱方式。还有就是，我特别不喜欢欠别人的钱，我们得想办法赶紧还钱。你出国留学时，我问亲戚朋友多借了一点钱，一部分给你留学用，一部分跟你小舅合伙买了台二手装载机。我和你爸都在交通部门上班，找点活来干应该不太难。一切还算顺利，半年做下来，每家能分个五万，一年赚个十来万应该也不是大问题。你可要好好学习啊，千万不要辜负我们。你爸昨天还在跟我说，要是早一点想到这条路，或许我们现在已经成为百万富翁了。”

听了之后，我愣了很久。

我突然有点崇拜我爸妈了。以前，他们在我心中，是没什么野心也没有什么经济头脑的安分守己的工薪族。现在，他们竟然可以在短期之内创造出之前几年才能创造出的价值。

从开发个人潜能的角度讲，当一份压力躲不掉且必须面对的时候，就会转化成强大的动力。爸妈身上发生的这一切正是源于有了外债，他们心里已经不能再继续安逸下去了。他们连嗅觉和听觉都会瞬间变得敏锐起来，周围的一切消息都有可能成为商机。

我借的第一笔钱

在我进入大学还不到一个月的时候，我开口借了这辈子第一笔大额的钱。

那次，可以说是意外，也可以说是考验。至少，它让我对借钱这件事的理解在心理上实现了一次彻底的升华。

事情的来龙去脉是怎样的呢？

进入大学以后，我搬到了大学专属的学生公寓。和国内大学的学生宿舍不同，我那所大学的学生宿舍更像是国内的居家套房，有客厅、餐厅，有小房、中房和大房。一套大概可以住四个学生。大房一般住两个，如果条件好的话，可以选择自己一个人住大房。一个月需要支付给学校的房租费是，小房四百马币，中房五百五十马币，大房七百马币。为了省钱，我跟另外一个学生合租大房，每个月的房租只需要三百五十马币。

有一次上完课，我和室友准备一起回宿舍。当我们走到公寓大厅，隐约听到其他同学说有几间学生公寓被盗了，马来西亚的警车也停了好几辆在公寓旁边。

据说，好多学生的电脑也被盗了。

我们飞奔到房间，心里念着自己的房间千万别被盗啊！结果，越是怕什么，越是来什么。我的电脑因为被随身携带着，所以没有丢，但是放在桌子里的现金，将近一万马币，折合人民币两万多块，全部都被盗走了。其他两个朋友的房间里，值钱的东西也全都被盗走了。

我算是损失比较严重的，我哭了一会儿，一个人呆坐在床上很久很久。

没有了钱，我这学期的生活费便没了着落。想想上次爸妈给我寄八万的日子才刚过多久啊！这也太坑人了吧！

自尊心让我怎么也无法再开口问父母要钱了。

那一刻，我决定自己想办法解决。

我咨询了本地的朋友，他们说可以去银行申请留学贷款，如果有签证，有学校证明的话，贷款是很容易批下来的，但是额度不会太高。我想，自己的学费已经交了，额度不高也无所谓，够基本的生活就行。

几经波折，我从马来西亚的银行贷到了一万马币。按十二个月还款的要求，我每个月大概需要还一千一百马币。

申请贷款之后，我想过去学校做钟点工，或者去餐厅端盘子、洗碗。后来它们都被否决了，因为不现实，而且马来西亚政府有规定，不允许留学生打工。

我突然想到，刚来马来西亚的时候，很多留学生为了省房租，把房子整套租下，然后再一间间地租出去，这样自己的房费就省下来了。

我托朋友找了几处离学校近又便宜的套房，要求有三个卧室。运气很好，我很快找到了一处年租金九千马币的三室两厅的套房，房子不大，装修也很简陋，但总体来说还算干净。

房东要求一次性付清一年的租金，就这样，一万马币刚从银行贷出来，马上又几乎都转到了别人手里，自己手上只剩下了一千马币。

房子租好之后，我就从学校的公寓搬到了自己租的套房里，为了能把每个房间更好地租出去，我自己住进了仅仅只有八平方米的储物室里，放了一张单人床和一个小书桌进去，基本上就满了。

我在外面发布了租房广告：大房五百马币，可住两人；中房三百五十马币；小房二百八十马币；客厅每人一百五十马币，最多两个人住。马来西亚的房子，客厅的空间都设计得超级大，很多二手房东都会把客厅分隔租出去。

为了更快地将房子租出去，我发布的每间房的价格都会比市价便宜一百多马币。如果全部可以租出去，我每个月除了还银行贷款，手里可多出三四百马币，而且我自己的房租也省了下来。

广告一发出，我每天都能接到很多学生的咨询电话。房子很快在一个月内全部租了出去。

房子租给别人，租房者最少需要交三个月的房租，外加一个月的押金。所以，无论什么时候，我手里始终会有一千四百多马币的流动资金。

半年后，每个房间在原来出租价格的基础上涨了五十马币。就这样，我顺利地度过了我大学的第一年。

我借银行的钱全部还完不说，而且再也没有让父母给我寄额外的生活费。

从那次以后，一直到今天，我始终以一个相对成熟的个体真正走入了社会。时至今日，我已经三十岁了，一路有过各种大借小借，我一点也没有恐惧过，也没有太大的压力，因为在一次次的借钱和还钱后，我不会去质疑我赚钱的能力和所谓的赚钱的运气。

我的能力在不断增长，我的运气也越来越好。我发现：没有背负任何债务的人，在生活中难免会过得安逸，因为没有经历自己还完债务的过程，也就很难相信自己其实也很有经济头脑。没有任何债务的人，心里很难有真正的危机感，而没有危机感，自然不可能激活自己赚钱的潜能，自然也就不会在大脑里录入“我很有能力，我很有赚钱头脑”这样的信息，这样的信息当然就不可能成为活跃的潜意识，更不会作用于自己。

试问：那些从来不借钱的人，是不是很富有的人，是不是认为自己是个有钱人？

答案是否定的。

还有，那些认为借钱会让自己变得很累的人，脑子里装的是典型的穷人思维。

有钱人的生活对这些人来说只能是一种奢想，是一个遥远的梦。

借钱这个行为，可以告知你自己，并逼迫着你相信自己有能力去还钱。当你完成了这个动作，你的嗅觉、听觉和视觉会瞬间变得比之前敏锐很多倍，你以前从来不会留意的事情和以前让你没有感觉的信息，如今都会拼命地在你的大脑里活跃起来，让你发现或创造一些赚钱的机会。

当然，有一些人也爱借钱，从亲人、朋友那里借，甚至从高利贷机构那里借，但却拿借来的钱挥霍或赌博。这种人虽然也借钱，也想着发财，但由于懒惰信息在这种人的潜意识里面种得太深，他们只想着什么也不做，天上就能掉馅饼，一心想着走捷径，最终难免引火烧身。这也是典型的穷人思维。

越有钱，越借钱

在网络上，我看到过这样一个段子：几个富人在一起聚会，相互打听对方在银行还有多少欠款。A 说欠一个亿，B 说欠十个亿，C 说欠五十个亿，D 说："哎呀！你们怎么欠那么少啊！我欠了一百个亿，你们是不是没有经营好啊，要不要我帮忙啊？"

也许，你会认为这个段子没有任何意义，并不能说明什么。其实，写这个段子的人，一定深知富人圈里的潜规则。这是在告诉我们一个事实：一个人的富裕程度与其外债的多少是成正比的，也就是说，越有钱的人欠的外债越多。

当一个人通过借贷的形式完成了一次次的资金周转，或者取得了投资创业上的成功，这个人的大脑就不会恐惧有外债，也会认为借钱的利总是大于弊，自然而然地，"越借越富，越富越借"这条信息会在潜意识里特别活跃。

一些人又坐不住要说了："我当然知道有钱人都是越来越有钱，

他们有房子，有公司，他们有资产可以拿去银行抵押，才能借到这么多钱，然后钱生钱，可我们这些一穷二白的人，哪有这个资本去借？说白了，借钱这件事还是要有一定的家底。”

话虽不错，但我始终相信，除了“富二代”，没有人生下来就有这么多资产闲摆着，让你以后可以拿去银行作为贷款抵押。我相信大部分有钱人都是从一次次小借慢慢累积到后来的大借。他们的家底是慢慢累积起来的，而不是从天上掉下来的。

就拿我自己来说，从以前学生时期的小借到现在近千万的大借，就是一个递进的过程。

我们需要知道的是，借款的额度从很大程度上可以说明一个人能力的大小。这个能力包括心理承受能力，以及赚钱的能力，等等。没有人会在征信为零，也没有任何资产的情况下去外面狮子大开口借到一笔根本无法偿还的债务。即便有这样的人，那也是打算当一个只借不还的逃兵。

当你积累了一定的资产，你才能把这些资产进行抵押，给自己带来更多的流动资金，以方便启动新的投资。

我的一些富豪朋友们，基本上都是通过这样滚雪球式的借贷，一步步发展起来的。

第一次接触真正的有钱人

2010年年初，我准备回国，临走前，我的一个中国朋友Lily让我把她一些东西带回国给她妈妈。

我乘坐的飞机将降落北京国际机场，Lily告诉我，她会给她妈妈打电话让她妈妈去机场接我，然后让我顺便把她的东西转交给她妈妈。

下了飞机后，我发现来接机的是一个五十来岁的大叔。

刚开始，我以为他是Lily的爸爸，后来通过介绍才知道他是Lily妈妈的司机，他已经在Lily妈妈的公司开了十五年的车了。

他对我很友善，在去Lily家的路上，他一直笑着和我聊天。透过他的言语，我知道了Lily妈妈超级能干，超级有钱。

车子开了近两个小时，终于从机场开到了市区Lily的家。

原来，Lily住在具有北京特色的四合院里。在国外看惯了高楼和别墅，我反而对这种充满古香古色气息的房屋有着一种莫名的好感。

司机把车停好后，我随着司机一起进入了院内。

院里种满了花草，还有一些农家小菜。四间房门外观的设计，算不上奢华，但感觉很有格调。

我随口问了司机大叔一句："这房子应该要一千多万吧？"

大叔笑了笑："你这个价格可以买院子的一个角。"

天啊！一千万只够买一个角，这是什么概念！我突然有点羡慕 Lily，有这么一个"土豪"的家。司机大叔把我领到了我们正前方的屋里，示意我休息一下，并跟我说 Lily 妈妈正在回来的路上。

不一会儿，进来了一个和蔼的大婶，端着泡好的茶，小心翼翼地放在我面前，并嘱咐我有什么需要的话，直接叫她就行了。

不用问，我就知道这是 Lily 家的保姆。我更羡慕 Lily 了，这不正是电视剧里面演的贵族生活吗？有豪宅，有豪车，有司机，有管家，有保姆……

大概半个小时后，一个打扮非常端庄的中年女人走了进来。

她笑着跟我打了招呼。

不用说，这一定是 Lily 的妈妈。她看见我，直接走上来给了我一个拥抱，嘴里说着:“女儿，坐这么久的飞机，又坐这么久的车，真是辛苦了啊。”

当时，我被她的热情弄得不知所措。

Lily 妈妈真的好有气质，好平易近人。一番简单交流之后，我们就一起进了另外一间房，也就是 Lily 家的餐厅。

一张不大的圆桌上面摆着四五道菜，每道菜的量虽不多，但看得出厨师的精心搭配。

Lily 妈妈对生活品质是非常注重的，虽然有钱，但不会随意吃喝。所以，Lily 妈妈的身材保养得相当好。相比之下，我妈从不忌口，想吃什么就吃什么，但凡喜欢吃的能吃到撑，所以我妈一直是个胖子。

想到这里，我心里面难免感慨这种差距。

跟 Lily 妈妈这样的人待在一起，我心里真的是超级没有底气，整个吃饭过程我都很拘谨。

Lily 妈妈很热心地在旁边示意我随便吃。而我总觉得自己一筷子下去一盘菜就没有了，因为每盘菜的量实在是小。

我低着头，一直在吃白米饭。

不一会儿，Lily 妈妈的手机响了。听了她对电话那头的人说的话，我嘴里的饭差点喷出来。

“对对对，那个钱银行已经批了，明天你让财务查查账。这次只贷到了一个亿，明天让小吴跟我一起再跑一下别的银行，还需要再贷一个亿出来。”

贷了一个亿？

再贷一个亿？

这还想让我继续吃饭吗？

这饭我还能吃得进去吗？

正如赵本山小品里的一句台词：“同样是人，做人的差距怎么那么大呢？”

当我还认为一百万遥不可及，一千万是天文数字的时候，Lily妈妈早已经和“亿”这个单位打交道了。

如果我把自己的家底爆出来，Lily 妈妈会不会想就我们家这种条件也能把我送出国？她会不会认为我们家是打肿脸充胖子？

吃完饭，Lily 妈妈拉着我回到原来那间房，一起坐着聊天。

没想到的是，聊天内容更让我瞠目结舌。

“女儿，你爸妈是做什么的？”

说实话，她左一声女儿，右一声女儿，确实让我倍感亲切，心里面也轻松了许多。

“普通职工。”

“哦？那你父母也很能干啊！我听 Lily 说，你在马来西亚读了一年多才去的澳洲，澳洲消费比马来西亚高多了吧。”

“是的，当初他们是到处借钱送我出去的。”

“你爸妈很伟大，你以后要好好孝敬他们才是。你要知道，每一个愿意为儿女去借钱的父母都是很棒的父母，那需要很大的勇气。”

还没等我接话，她又说：“我在 Lily 八个月大的时候，就跟她爸爸离婚了。我跟 Lily 爸爸结婚的时候，因为 Lily 爸爸那边条件比我家好很多，加上 Lily 奶奶封建思想很严重，重男轻女，恰巧我生的又是个女儿，所以 Lily 奶奶一直都不怎么待见我。我跟 Lily 爸爸吵架的时候，她从来不劝和，还喜欢在一旁煽风点火。最后我忍无可忍，一气之下就把这婚给离了。我可以什么都不要，但是我一定要孩子。因为是个女儿，他们也没有争取抚养权。办了离婚手续后，他们真的什么都没有给我，我跟孩子也算是净身出户了。我暗下决心，即使没有他们家的支助，我也要活出个人样，我要给 Lily 最好的生活条件。这么多年，终于熬出来了，也算是心想事成了。”

“阿姨，您是怎么一步步走到现在的？”

“这说来话就长了。离婚后，我曾经也颓废过一段时间。我在国企上过班，后来在药店帮人家卖药。我自己也开过超市，亏得一塌糊涂，把自己当时的一点积蓄折腾了个精光。”

“原来您经历过那么多的挫折啊！”

“女儿，成功哪有这么容易啊！没有一个强大的心脏，没有经历过千锤百炼，不脱几层皮，真的难做人上人。现在那些所谓的成功人士，背后都是不知道吃了多少苦，咬着牙坚持再坚持才到了今天这一步的。所以千万别羡慕所谓的成功人士，很多艰辛你只是没有看到罢了。”

“阿姨，您也是自己从外面借钱起步的吗？”

“这你可说对了，对于当初那个一穷二白的我来说，不借钱怎么起步？我跟Lily爸爸结婚的时候，Lily姥姥给了我几万做陪嫁，后来自己搞七搞八把钱赔光了。到Lily上小学的时候，为了能让她上市重点，我才想买套学区房。学区房那么贵，我勉强东凑西拼地弄了个首付。还好北京那两年的房价翻了好几倍，我曾经也炒过房子，从中间也算是大赚了一把。我们住这里之前换过好几套房子呢。”

“有了外债后，会不会给您带来赚钱的动力？”

“肯定了，借了钱后就要想尽办法还，可真是想破了脑袋。还好，最后捡起了老本行，想到了做药材批发生意，一步步走到现在。不过还好，我周围的人，包括Lily，都会在我身边给我打气鼓励。每次快撑不下去的时候，我心中总有一个很强的信念支撑着我坚持下去。钱借到了，我会总结过去的经验教训，重新开始。”

“钱是越借越多吗？我刚才听到您说从银行借一亿。”

“是的，我们公司跟澳洲那边一家公司合作，需要三亿多的资金，我们这边和澳洲那边协议各解决一半的资金。其实也就是这么回事，钱真的是越借越多，所借数额也会越来越大。从我第一次向别人借几万到后来的几十万，再到我们开分公司的时候借了几百万，包括这个四合院也是从银行贷款买的，贷了几千万，直到眼下跟国外的公司合作借贷几个亿……现在想想，我也觉得不可思议。”

Lily 妈妈是个很健谈的人，和她聊天，我觉得很开心，一点没有因为年纪差异造成任何隔阂。

接着，她又给我讲了很多关于 Lily 的事，让我顿时对 Lily 也刮目相看起来。

“虽然我努力在创造财富，给女儿创造好的生活条件，可我在金钱方面从来没有纵容过她。人人都说女儿要富养，可我始终认为富养主要是给她一个高品位的生活环境和开阔她的眼界。假如我没有钱，她是很难拥有这些的。但我绝对不会给她一大笔钱让她乱花，以至于一味地满足她所有的欲望。”

“您真是个很有智慧的妈妈。”

“Lily这点很像我，是个欲望很强的人。她还是个小学生的时候，为了买她想要的东西，她就学会了借钱。那时，她的好多同学要债要到我们家里来。因为这事，我骂过她，甚至打过她，可她一点也不吸取教训。初中的时候，她为了出去拍大头贴，或者和同学一起春游，也会到处借钱。我当时还在想，我是不是管她管得太严格了？仔细想想，并不是那么一回事。我只能说，她太不容易满足了，正常的生活费和学费，我给的不比其他家长给自己孩子的少，但根本满足不了她。直到有一天，Lily跟我说，她不用我帮她还钱，她自己会想办法还钱。我真的是悲喜交加，我愿意选择相信她。后来，她真的没有让我失望，她尽可能利用暑假和寒假跑去外面打工赚钱。在我生日的时候，她还会用自己赚来的钱给我买小礼物。”

“您的生意做得这么大，她有想过直接去自家的公司上班挣钱吗？”

“她的兴趣爱好不在这里。再说了，我也不提倡她单纯为了钱去做事。我知道她一直喜欢设计方面的工作，所以也就很鼓励她自己出去学习和锻炼。后来，在自家公司的产品宣传上面，Lily还费了不少脑筋帮忙做广告文案啥的。她让我很欣慰。”

“她这点魄力倒挺像我初中的一个同学。”

“你知道吗？她出国留学都是她自己去贷款的。”

“是吗？我没听她说过哦。”

“高中毕业后，她问我借了点钱，注册了一家广告设计公司。大学一年级和二年级，她是在北京大学上的，专修设计。她邀请了他们班设计最好的几个同学去她的小公司上班。经营得还是很不错的。这孩子很执着，有冲劲，像我年轻的时候。当时我把钱给她做启动资金的时候，她硬是要给我打一张欠条，那时就看得出她很认真。在出国留学之前，她就把借我的钱还给了我。我说这个钱她不用还了，算是对她的奖励，可她很自信地说自己已经可以赚更多的钱。”

“也就是说，她是靠自己的小公司从银行贷款出去留学的？”

“这只是一部分，另一部分是她申请的奖学金。”

“她出国以后，谁帮她打理公司呢？”

“她请了她最信任的朋友帮她管理公司，加上我偶尔帮忙把关，到现在，她的公司还是经营得有声有色的。”

那天，我跟 Lily 妈妈聊到很晚。我忽然意识到，真正的榜样就在我身边，我却从来没有发现。

后来，通过网络聊天软件，我跟 Lily 聊过几次，我批评她为人太低调，早应该把自己的事说出来激励一下我们这帮同学。她却认为自己所做的没什么大不了的，现在有本事的年轻人一抓一大把。她还说，等到她硕士学位拿到手以后，要回国大干一场。

我们若仔细观察，就不难发现，这个世界上大部分人会不安于现状。我们总是觉得自己赚的钱不够花，总以为有钱人的钱花不完。事实是，越有钱的人，越有经济头脑的人，越容易身负外债，而且越借越多，越借越勇敢。这是有钱人世界里一个很普遍的现象。

月入过万的生活

大学毕业后，我回国的第一份工作相对其他同龄人来说还算理想。

以前是个学生，总认为月入过万是个梦，离自己很遥远。然而，我很快就经历了从月入几千到几万的飞跃。

当手里的钱越来越多，我就开始变得不安分起来。我会花大几万去买猫咪，甚至想着把繁殖猫咪当作自己的副业。但因为对养殖业不在行，我只能以失败收场。

2012 年，我的事业很风光。而在感情上略显幼稚的我与一个相处不足一个月的男人奉子成婚。婚后，我才发现，我跟这个男人的三观大相径庭，更像是两条平行线，根本找不到一个交叉点。

我在潜意识里坚信一句话：世界上没有垃圾，只有放错地方的资源。同样的，我也明白，这个世界上没有不好的人，和不合适的人在一起才会显得不好。我跟他都明白彼此不是合适自己的那个人。2013 年年初我们和平分手后，我独自带着刚过哺乳期的女儿离开了家乡来到了南方。

我竟和 Lily 妈妈一样，也没有从男方那里得到任何东西，包括基本的孩子抚养费。很多朋友说我傻，竟然独自承担孩子的所有费用。一开始，我也纠结过，但看了几期动物世界就突然释怀了，雄性的动物会跟不同的雌性动物交配，而雌性动物生产之后，后代也是跟着雌性生活，只有极少部分的雄性会守着某个雌性和后代。人类再高级，也还是动物，虽然一个新生命需要男女共同参与完成，但女人有着自然的主动权，孩子本来就应该属于女方，孕育新生命的始终是女人，女人的一个卵子选择了男人的一个精子，一个新生命住的是女人的子宫，吸收的是女人身体里的营养，除了提供了精子，我实在想不到男人还参与了什么。

我实在想不通的是，为什么很多女人离婚后，硬把自己的骨肉塞给男方，并指着男方说“我给你生了一个孩子”“你把你的孩子带走”“你必须养你的孩子”，等等。

我想问：“这孩子不是你的吗？抚养权不在你的手上吗？若你自己不愿意生，谁又能逼着你？”

古往今来，男尊女卑的观念认为“女人生孩子就是为男人传宗接代”，这条信息在很多男女的潜意识里种得太深。

当我想通这个道理后，我就不再纠结抚养费，也不再纠结男人那些所谓的“背叛”了。当一个女人观念守旧，自己停滞不前，缺少魅力的时候，男人就更加容易“背叛”。所以一直以来，我在感情上面做到好聚好散，不怨恨，不走极端。

当了妈妈后，我才体会到为什么都说父母想给自己儿女们最好的生活了，也体会到 Lily 妈妈当时说的无论如何都要尽全力给 Lily 创造最好的生活环境。

很多女人在离婚后，咬紧那点所谓的生活费和抚养费不放，自己并没有因此就过得更好，甚至很多女人发现和自己老公已经貌合神离了，却因为担心自己和孩子以后的开销问题迟迟不敢跨出离婚那一步，就这样忍气吞声地凑合了一辈子，从而消耗了自己最美好的岁月，也给孩子造成了一个假象：婚姻和爱情是两码事。为了生活费和面子勉强维持的婚姻，当然再也扯不上爱情什么事了。

很多离婚后从来不要男方任何一样东西的女性，反而更能激发出自己的潜能，找到赚钱的路子，而这些女性的生活并没有因为少了那点补偿费而过得窘迫，反而更精彩，这就是“靠人不如靠己”，相信自己比什么都重要。

我离开老家，主要是考虑到女儿。老家的空气质量太差，还有各个方面的生活条件都落后于其他大城市。在精挑细选后，我毅然选择了珠海这个美丽又文明的城市谋生。

刚来珠海的时候，我手里大概有个几十万的积蓄。我想，如果按揭买个一百多万的房子，每个月下来应该也算轻松自在。

然而，我却看中了一套首付就要一两百万的海景房。我去看了样品房，站在阳台上，面朝大海，那种感觉顿时让自己的心胸开阔了许多，我想着如果一个人每天起床后都可以面对着广阔无边的大海，心是不是也能够变得宽阔得可以“撑船”呢？

我算了下自己的老本，离买这套房子确实有点距离，可我身边很多有钱人朋友的故事一直激励着我。我鼓足了勇气，决定买下这套房子。

接下来，我就从各个能借到钱的地方借钱，终于凑齐了首付。然后，我又顺利地从银行贷到了剩下的百分之七十。迄今为止，这是我借的最大的一笔钱。

我妈因此开玩笑说："你以前一直嘲笑那些房奴，嘲笑那些把所有积蓄都投到房子上的人，你还不是也成了一个名副其实的房奴。"

以前，在我还是个学生的时候，我确实想不通为什么一个人会把自己所有的钱拿出去买一样东西。如果不是跟那么多有钱人接触过，并看着他们如何一步步走过来的，我还会继续嘲笑那些房奴、车奴，我也会继续过着一种中规中矩的生活。

有了这笔债务罩住我，我以为自己会乖乖地省吃俭用，拼命赚钱、攒钱、还房贷。可事实并不是这样，我并没有比以前过得节省，反而开销更大了。

我想，这大概是个人资产的增加给自己增加了一份底气和勇气，从此"我是有钱人"这个观念慢慢在自己的大脑中生根了。这充分反映在了我的日常生活上面，一点也不省吃、不省喝、不省穿。

房子买完后，没过多久，我又想买车。

我妈对我说："你每个月两万多的房贷加上孩子的开销，还有自己在生活上的基本开销，哪里还能再买车啊！过几年再买吧，要不然你把老家的车开过去。"

我心想："这怎么成，几百万我都借了，买个车也就几十万而已，我还能借不起？"

于是，我瞒着家人，把车也买了。而且在一年不到的时间里，我先后买了两辆车。

事实上，每当我下大本钱买一样东西的时候，我都可以洞悉一些新的赚钱路子，我的月薪也一直在上涨。

我在银行的征信一直都很高，因为我从来不逾期还款。

在我身负债务的时候，我的潜意识会激发我身边所有的看似平常的信息，并让自己从中发现商机。加上我的潜意识里有类似"我会越来越富有"这样的信息，周围的一切都会顺理成章地配合着我不断赚钱的行为，一步步让我真的变得越来越富有。

我们不要认为有钱人都有很多闲钱花。我相信很多人都说过类似这样的话："等我以后赚足了二十万，我会考虑买辆杜卡迪；等我有了一百万，我可能会买辆 X5；等我成了千万富翁，我就回家乡开一个厂。"后来你会发现，当你手里只有三十万不到，你就去买了 X5；当你手里只有两百万不到，你毅然决定立马要开一个需要千万资金的厂。太多事实说明：有一万的人会去做十万的事，有十万的人会去做一百万的事，有一百万的人会去做一千万的事……因为有潜质做富人的人在决定做某件事时，手里都不会有很充裕的钱，这时候与穷人之前拉开差别的就是，自信、智慧与勇气。

有钱人是从别人嘴里说出来的，没有人会定义自己是有钱人，因为总有新的欲望逼迫着自己往新的台阶上爬。

如果每个人都认为自己的钱够花，这个世界就不存在借钱这件事了。

借钱就好像蹦极一样。当你站在三十米高空的时候会心生恐惧，但跳下去后恐惧感就会大大缩小，而自己会因此变得勇敢。而你挑战了三十米之后，就想挑战四十米、五十米……借钱也是如此，你需要克服心理恐惧，给自己信心，相信自己一定有能力偿还。

真正的有钱人只会越借越多，而且越借越富。

最近，我再联系 Lily 时，她早已回国。而她公司的业务也早已经做到了全国各地。上次在微信聊天时，我们谈到各自的债务问题，我被她数落了一顿："姐妹儿，不行啊，你这都奔三了，才借了不到一千万，需要再接再厉啊。"

年轻人更需要借钱

你可能会说："我的工作还算稳定，我赚的钱足够我的日常开销，我平时在生活中非常节约，我也不会花大钱去买名牌以及各种奢侈品。另外，我暂时没有想要买车、买房，也没有投资创业的计划。我为什么要去借钱？借钱就要给别人额外的利息，太不划算了，我才不要让自己活得那么累！"

如果你真是这么想的，而且每天都过得充实快乐，那么请继续你无债一身轻的生活方式。就怕你在这么想的同时，却整天怨天尤人地过日子，觉得自己生不逢时，觉得自己欣赏的人不喜欢自己，觉得自己得不到老板的赏识，觉得自己老公没有用，觉得自己老婆总是乱花钱，觉得自己的生活过于平淡……你即使有点小积蓄，但还是会抱怨自己过得不够幸福，还是会把大部分时间浪费在关注娱乐八卦和抱怨自己周围的一切上面。

借钱的顾虑

我们的长辈在我们还是个小孩的时候就告诉我们："要学会

先苦后甜。不要老想着享受，否则以后会吃很多苦头的。要好好读书，长大以后才能找到好工作，才能赚很多的钱。然后再把钱存起来，才能买房，房车，买一切自己想拥有的东西。”

有意思的是，长辈们嘴里说着“先苦后甜”，却在生活中尽可能“甜”地照顾我们，尽量避免让我们受苦。从潜意识层面来说，他们也是不愿意主动去吃苦的人，甚至是排斥吃苦这件事的。他们会想当然把负债看成是一件很苦的事情，因为在某段时间里，负债确实会让一个人甚至一家人在身体和心理上过得异常辛苦。

事实上，在当下的中国，一个人干一份普通的工作，如果一直循着攒到钱后再买车、买房的路走下去，估计你走了大半辈子仍然走不到头。以自己为例，若我不靠贷款，我也买不起我现在住的这套房子和现在开的车子。

如果有人建议不愿意负债的人从银行按揭贷款买房、买车，他们会很排斥，认为那样做很没有安全感，认为借钱都是没钱的人才会去干的事，认为自己银行有存款，没必要去贷款，去过一种“不切实际”的生活。所以，很多老一辈的人，当听到自己子女需要买车、买房的时候，基本上都是拿出自己辛辛苦苦存了一辈子的几十万或者几百万的积蓄，去给自己的孩子买车、买房，付款的时候还会很豪爽地说一句：“我们一次性付清。”

说到这，我想起去年的时候在珠海认识的一个年轻的游泳教练。

那段时间，他正为自己按揭买房的事情东奔西跑。他要买的那房子不算大，八十多平方米，总共也就要一百来万。按理说，首付三成，以他的收入，以后再按月还贷是很轻松的事情，可他却交了五成首付。

“既然交三成就可以，你为什么要交五成呢？”

“我是想交三成的，但我妈硬是给我凑够了五成的钱，嘱咐我一定要交五成，这样我每个月的还款金额就会少一些。”很显然，如果手里有全款，他们是不会选择按揭的，那样连利息都不需要承担了。

通过这个年轻游泳教练的行为，我想说的是，在他和他妈妈的潜意识里，更多的是阻碍他们成为有钱人的信息。

我在心里想，富人们都在想方设法从银行贷款，留住自己手上的现有资金。说句比较无赖的话，这年头能用别人的钱，谁还愿意用自己的钱啊！就拿这个游泳教练买房的事情来说，他手里有总房价五成的钱，如果首付只交三成的话，房子照样可以买下来不说，另外两成留在自己手中做点其他的事情，或者平时生活救救急，投资让钱生钱啥的，不是更好吗？

还有一点也很重要，长远考虑，钱永远是在不断地贬值中，从银行里借得越多越得利。举个例子，二十年前如果贷款买一套房子，首付三成，分三十年还完，无论是选择等额本息还是等额本金还款，都是赚。拿当时每个月还款五百块钱来说，确实是一笔大数目，但搁到现在，五百块已经不足挂齿。

他们为什么会不想欠银行的钱呢？

说白了，还是他们的思维被限制住了。他们把焦点都放在银行贷款的利息上面了，因为他们想不到让手里的钱生钱的办法。他们首先想到的只是尽可能快地把贷款还完，或者根本不想背负不必要的银行利息。

像游泳教练妈妈一样思维的人，挤满了中国各个角落，包括我的妈妈。

我买房以后，我妈妈经常在我耳边说的一句话："如果赚到了钱，赶紧把借银行的钱还上啊！三十年的房贷啊！每个月两万，什么时候才是个头啊！我想想都会彻夜难眠。"

"二十年后，每月两万的房贷可能就跟现在每个月两千的房贷那种感觉一样了，你怎么不这么想呢？"

我们身边有太多的人，一辈子小心翼翼地赚钱、花钱，从来不借钱，也不允许自己有无谓的债。这样的人生不能说一定很失败，但是一定不精彩。在这类人的潜意识里，一般都装着这样的信息：

①我不是有钱人，借的钱有可能还不上，还是赚多少就花多少更安全。

②借钱就要还利息，太不划算。

现在，当我们看见一个年纪轻轻就已经过上了自己可能拼一辈子也没办法实现的生活的人，如果这个人是女生，我们会认为她要么是“网红”，要么就是在背地里干着一些不可告人的勾当……如果这个人是男生，我们会认为他要么是混娱乐圈的，要么是“富二代”……

可就是有这么一小撮人，他们智慧和勇气兼得，他们站在你面前，让你看见他们散发着青春气息的面庞，却经济独立，享受着优越的名气和高人一等的生活。简单地说，他们早早就过上了有钱人的生活。

真正特别的一点就是，他们懂得贷用银行的钱让自己的优裕生活提前到来。他们不会只在自己需要钱的时候才去借钱，他们从来不会认为自己的钱够用，他们总会发现新的投资项目，他们会通过各种渠道为自己争取更多的流动资金。他们有再多的钱，都可以很好地运用这些钱。其实，在他们的潜意识中，一直活跃着这样的信息：有钱人的身家一大半都是借来的，缩小自己与富人差距的唯一方法就是学会合理地借钱。

我还记得，高中毕业那会儿，我跟几个同学在一起看一部韩剧。那部剧里有一个情节：女主人公是生活在社会底层的人，她计划给自己暗恋的人买一份像样的礼物，而她心爱的人是一家公司的高层，她想送一支笔给他，让他在以后拿着笔签名的时候可以想起她，于是她就从商店按揭买了一支名牌钢笔。

我们其中一个同学看了之后说："不至于吧！买个笔也按揭，太夸张了吧！"对于当时的我来说，我也很赞同那位同学的看法，买支钢笔也按揭，编剧实在是太夸张了。

后来每次再想到这个情节的时候，我认为相当合理。对于戏里的女主人公来说，如果不靠按揭是无法一次性购买的。最后男主人公爱上了女主人公，当然不只是因为这支笔，可女主人公很聪明，没有因为自己收入低而放弃追求"高富帅"。当然，这是在戏里，如果在现实生活中，试问：有几个女生会为了自己仰望着的人按揭买一样东西呢？很多女生可能会想：我跟男神不在一个生活层面上，大不了什么也不送了，何必打肿脸充胖子呢？

在这个世界上，除了按部就班的生活方式，还有需要勇气和远见的生活方式。

“提前消费，在最美好的岁月让幸福提前。”你需要把这样的信息装进自己的潜意识里。

现在，你可能刚二十出头，但你可以开豪车，可以住豪宅，可以出国深造，可以创业当老板，可以吃遍山珍海味，可以游遍大江南北，可以提前开始做保养，可以上各种学习班，可以在遇见喜欢的人时有底气追求……如果不借钱，你是不可能早早地拥有这些的。如果不学着借贷，你只能一步一个脚印，枯燥地行驶在无聊的生活轨迹上，遇见想买的东西只能流着口水眼巴巴看着，在怨天尤人和仰望有钱人的郁闷中度过自己的青春岁月。

我回国后，智能手机的问世像龙卷风一样袭来，直接击倒了当时的手机霸主诺基亚。最大风潮来自苹果手机，但苹果手机的价格相对大部分人来说还是属于偏贵的，如果一个人的月收入是三千元人民币的话，需要这个人不吃不喝一两个月才能买一部苹果手机。若等存够了钱再买，那不知道又更新到哪一代了。

实话实说，苹果手机确实很好用，很便利，而且外观也很时尚，不少中国人中了苹果的毒。前两年，曾网传过一些为了买苹果手机卖血、卖肾的事情。先不说这些消息是真还是假，如果他们知道可以按揭买苹果手机，我相信就不会有这样的悲剧发生。

有人可能会跳出来说："他们还是学生，没什么钱，谁会给他们按揭？那些街上拿着苹果手机的学生全都是他们父母给他们买的。"

我想说："你没见过，不代表不存在，没有经验可以多问、多学。我见多了还是学生的人已经玩转各种小额贷款。"

关于买苹果手机这件事，一次性付清的人多半会嘲笑那些按揭买的人，会认为他们买不起还要硬撑，死要面子活受罪。可事实上，在我自己身边的一些姐妹，买手机时仍然会选择按揭，而她们的收入完全可以一次性付清。起初，我也很纳闷。一次偶然，我在和一个号称超级会理财的闺蜜阿香的聊天中了解到了真相。

她说："几千块钱按揭一年，每个月也就还几百，对我来说不算什么，这个费用不会给我制造任何压力，如果有信用卡的话，那就更加轻松。但是按揭可以帮助我的征信记录上加分。当这种小小的按揭一次次累积下来，且每次都能如期还清欠款时，慢慢可以增加信用卡的使用额度，我刚开始办的信用卡的额度是五千元，现在已经升到了三万五千元。而且在每次办理信用贷款业务时，额度也是比较高的，我记得最高一次给我批了十二万元。过程也是超级方便，只需要自己打电话到信用卡总部那里，贷款立马就能批下来，不需要流水账，不需要工资证明，而且利息也不是很高。”

阿香是一个对自己生活从来不将就的人，她家里购买的每套家私都非常精致大气。她跟我说，她从来不会一次性把家具全部购齐，因为手上也没有那么多空闲资金。她绝对不允许自己买一堆劣质品回来，每次只买一样东西，然后选择按揭。

趁着年轻，学会贷款，但一定要做到按时还钱。这样的话，无论是在个人那里，还是在银行那里，都可以留下好的征信记录，为自己信誉累积较高的分数。慢慢你会发现，别人很难办下来的贷款，你可以很轻松贷下来，这是一种难得的优势和特权。

有一些人会说：“我房也有了，车也有了，也没有额外的投资，我借款干吗？”

我想对这些人说：“我房也有了，车也有了，也没有做大买卖，我每个月还了以前的贷款，还能剩余一部分钱。但是，我还是在不停地贷款，因为我可以通过贷款不断地往自己身上投资，往自己的生活上投资，等到我老去的那一天，我的账还完了，我自己的人生也过得充实了。”

迟来的感谢信

我有一个朋友佳佳，在某家医院当护士，每个月拿着三千元的收入，一个月前却嫁给了一个身家千万的商人。在婚礼当天，她发微信感谢我，说是因为我让她转换了思维，才能结识她现在的老公。

2011 年，佳佳大专毕业时被分到她家乡市里一个二甲医院实习，后来转正了，就一直干着护士的工作。平时，她生活非常节俭，不用问也知道，她应该存了些钱。可她一直找不到心仪的人，她求助我，让我告诉她方法。

前年年初，她来珠海找我，我请她去咖啡馆喝咖啡。

“好羡慕你现在的日子，真是潇洒啊。”

“你也可以啊，只是你没想明白而已。”

“我？别开玩笑了，我每个月三千块钱的工资，能干啥？”

“你现在攒了多少钱？”

“跟你不能比呀，不到十万。”

“我一分钱没有攒，还负债累累，哈哈。”

“可你生活过得怎么那么好啊？”

“对啊，不负债，怎么能生活那么好啊？等攒够了钱再过好生活，岂不是已经成了老太婆？”

“不过，你能借到这么多钱，就代表你有这个能力还啊。”

“那可不一定哦。”

“不是吧，那岂不是跟赌博一样。我可没你这个勇气。我也没有什么追求，我只想能找到好的另外一半我就知足了。”

“那你先学会贷款吧。”

“你开玩笑吧，找好的另外一半干吗非要学会贷款啊？而且我有点存款，肯定不可能去贷款。”

“那你告诉我，对你而言，什么才是好的另一半？”

“经济能力好，有魅力，有责任心的男人。”

“这种男人都被优秀的女孩绑住了，你这样朴朴素素的，怎么可能吸引到他们呢？从现在开始，你得学会去贷款装扮自己，定期给自己买点名牌，装点一下自己，不要再拎这么廉价的包了。”

我眼睛往她那个破旧的包包上瞄了一眼。

“那也太大手大脚了，不是我的风格啊。”

“所以我让你贷款啊，你只有十万的存款，买两三个名牌包就没有了。但是你可以贷款买两个好包和五套像样的衣服，分一年还。保证自己下班后像个名媛一样，你现在不供房不供车，供装备更简单。”

“供装备？怎么供？”

“你自己去银行咨询，你又是护士，很好办理的，办个信用卡什么的，把里面的金额一次性刷掉，然后自己分期来还，或者看看银行有没有什么比较容易的小额贷款业务，去咨询一下。如果一切顺利办下来，你的十万存款丝毫不用动，你只是提前动了你未来的钱。”

“你的建议还是让我有点迷茫。我这样装备自己，就有好男人送上门了吗？”

“对啊。”

……

后来，她回到了自己的城市，而且很久没有跟我联系。我也就没有再想起她的事情，直到去年她给我发了喜帖，而且写了超长的信发到我的邮箱感谢我。

亲爱的冰冰：

我本来打算打电话告诉你这个喜讯的，然后说两句感谢的话。后来想想，我知道你要出书，我写信给你的话，你更能当成素材分享给更多人。

从上次跟你分别后，回来我想了很久，起初我认为你是胡乱给我建议，也认为自己不可能用你的那种生活方式过日子。后来，很偶然的一个机会，我陪科室的同事一起去银行咨询购房贷款的事，我的同事马上要结婚了，需要购买婚房。

在咨询的过程中，我才知道，原来可以通过银行贷款满足多种大金额的消费，比如摆婚宴、新房装修，等等。后来，我就想起你说的话，并决定从银行按揭给自己买装备。

我向银行申请了五万的贷款，贷款环节很简单，一点也不复杂，只需要提交自己的工作证明、工资证明和银行流水。按揭五年，每个月才还一千不到。这样的话，我最起码每个月还能存一千，日常开销还可以花一千。我想着，就豁出去一次试试吧。

我用这五万买了两个一万多块的包包，五套衣服，每套衣服三千左右。天啊，我从来没有买过这么贵的衣服。不过说真的，这么贵的衣服穿在身上，真的自信了好多。

之后，有几个朋友都猜测我肯定是谈恋爱了，穿那么高档、漂亮的衣服，背那么贵的包包，肯定是哪个富翁男朋友送给我的。想想现在这个社会，人们的心都好阴暗啊。大家似乎都不会相信女生也可以自食其力过上好日子。

大概在我开始还款之后的第四个月，奇迹真的出现了。我上大专时的同学跟着她现在公司的几个股东去武当山，因为路过我家，所以她联系了我，问我是否一起去，刚好那天我休息，我就跟着一起去了。

然后，我就认识了我现在的这个他。刚开始和他接触的时候，我还怕他嫌弃我家穷。

他比我大七岁，又是公司股东，算是个黄金单身汉。

我跟他在一起的时候，每天都把自己穿得特别好看。后来，我自己又买了五六套衣服。每次他都称赞我穿衣服好看，很有品位。慢慢地，他也会主动送我很贵的衣服，当我告诉他我贷款买衣服的时候，他很惊讶，还说我是个傻帽，然后说要帮我把银行欠款还了，但被我拒绝了。

从此，他更欣赏我了，说我跟其他女孩子不一样。

我当时想，这都是拜冰冰你这个伟大的军师所赐啊。

我现在认为，只要跟你有深入交流的人，可能变得不被常人理解，但都能获得很好的生活。

从那之后，我买的每一样东西都是很上档次的，而且眼光越来越高。他越来越爱我，而且越来越离不开我，我跟他相处不到八个月，他就跟我求婚了。

这让我感觉太不可思议了！

冰冰，要是早点跟你聊天就更好了。

谢谢你教我学会借贷生活，教我人生要学会提前享受。

希望你可以把这些写出来，写在书里，帮助更多人。

永远的姐妹：佳佳

根据吸引力法则，当你像有钱人那样生活的时候，你的周围也会慢慢出现磁场相同的人与你相识，而与你磁场相同的人，往往都是有钱人。

更重要的是，适当负债，可以激发你自己赚钱的潜能，然后慢慢适应这种负债心理。

千万不要质疑自己的适应能力。

人是所有物种中最高级的物种，具有强大的适应环境的能力，为了可以存活下来，可以像孙悟空一样七十二变，可以上九天揽月，可以下五洋捉鳖。

随着环境的改变，我们潜意识里活跃的信息也在不断改变。如果在这个世界上，没有人再去制作胖子穿的大码衣服，那么在这个世界上慢慢就不会有胖子存在。因为如果胖了，就永远没有衣服穿。

每个人身上都适当地背负着一点债，头脑会变得更加清晰，人生规划会更加详细，而赚钱的脚步也会加快。这是一种变相追求适当压力的生活方式，而适当的压力绝对可以激起你内在的生活动力，你的生活因此会变得越来越好。

巧妙借钱，合理还钱

人为什么要学习？

我们将对自己有用的信息输入到自己的头脑里，进而输入到潜意识里。我们需要大量的事实和知识来完善自己对于某种信息的“认可”，这样的信息才能更有效地形成活跃的潜意识，我们自己才会真正行动起来。

你想成为有钱人的行动需要建立在借贷的相关知识上，不能盲目行动。

借钱的方式

常见的借贷方式有两种。

一种是无抵押借贷，有三个渠道：

①从亲人、朋友、同事或老板手里借。

②银行不定期推出的信用贷款业务。

③私人小额贷款公司。

第二种是抵押贷款，有两种渠道：

①银行推出的各种抵押贷款业务。

②私人小额贷款公司。

关于私人小额贷款公司，我在这里就不做推荐了。因为利息较高，虽然放贷条件比较松弛，但对于借款人来说风险较大，因为鱼龙混杂，很多不正规的公司打着小额贷款的名义进行诈骗的案子也不少。

去年，我的一个深圳朋友阿富，急需二十万元周转资金。他也知道信用贷款放款比较快，就在网站上搜索各种信用贷款。结果，他找到一家“××小额贷款有限公司”。上面要求提供QQ号码和手机号，然后对方就发给阿富一份申请资料，让阿富填写好之后，附上身份证复印件一起传真过去。

不一会儿，阿富就收到了对方一份贷款合同，合同的相关内容是“每月需支付贷款额度的0.08%利息，直至到期日连同本金一次性还清”“贷款方应在1日内将贷款放出”“若贷款方未按期发放贷款，或者因故解除合同，将承担贷款金额10%的违约金”“借款方因故解约的话，要承担5%的违约金”“借款方必须在自己用于贷款的银行账户里有10%以上的流水资金过给贷款方财务进行验证”“办理无抵押个人贷款，借款方必须先在保险公司办理投保开户，提交五千元押金”，等等。

阿富把合同签好后传真给对方，接下来，阿富就按合同规定，把五千元转给对方办理保险，然后又转两万元作为流水资金让对方验证。转完款后，对方说需要把资料提交到总部进行综合信用评估，评估后就可以放款了。结果，阿富得到对方的通知是信用度过低，资料提交不上去，对方问阿富是否申请过银联卡没有使用，且没有去银行注销账户，对方说这样会影响个人信用。

阿富觉得奇怪，而对方让阿富找银行行长问一下怎么提高个人信用度。可很快对方就通知阿富，只要保证自己的个人账户里有五万元以上的额度，再找找熟人，就可以提高个人信用度。

阿富越想越觉得不对，这样造假弄出来的信用度，这家贷款公司竟敢批这个钱给自己，就不怕自己还不上吗？

阿富说自己没有办法存钱进去，对方就说阿富不愿意配合且需要赔偿违约金，赔偿完违约金，阿富才能拿回账户里的两万五千元，否则一旦逾期，合同就作废，阿富就一分钱都拿不到了。

阿富咨询了律师以后，才知道自己已经上当受骗了。

对于私人贷款机构，大家一定要谨慎又谨慎。当然，即便是对那些正规的贷款机构，你在贷款的时候，也需要拿着合同咨询一下律师。不要随便就填签合同，更不要随便就汇钱。

现实中，有不少人想从私人贷款机构贷到钱后跑路，不料偷鸡不成蚀把米，一定要引以为戒。

对于正规的无抵押贷款，优点：无需个人资产抵押，放款时间快，无需复杂的资料。借款人不存在什么风险。如果是从关系较好的人那里借来的，也许会省掉利息。缺点：对借贷人的自身条件要求很高，如果是向私人借贷的话，还得综合考虑对方和你平时的关系，以及你的身家和还款能力，还有平时的为人是否靠得住，是否讲信用。如果你的财力、物力很差，即使你为人再怎么守诚信，也很难说服别人借钱给你。如果是向银行贷款的话，银行会参考你的财力、物力，以及平时的征信记录是否优良。如果你财力、物力很强，但信用卡经常逾期或者手里的车贷、房贷经常逾期的话，也是很难从银行贷到款的。银行无抵押借贷相对于有抵押的借贷利息要稍稍高一些，但跟民间的高利贷比起来，总体还是利息偏低的。

事实上，从亲人、朋友或者同事、老板那里借贷，这种方式我是不提倡的。我见过太多因为借钱的问题，让两个人的关系越来越疏远，直至最后成陌生人的。

试想一下，若关系不好，你开口借钱，别人根本不会借给你；若关系很好，对方愿意借钱给你，向你收利息，他（她）又难为情，你也会认为他（她）小气，若不收利息，别人为什么要拿出钱来平白无故地给你用，而且还要承担你还不上的风险呢？

如果非要向亲人、朋友或同事、老板私人借钱的话，一般得是短时间的急用资金，借款金额又要在对方能力承受范围内，你还需要特别说明一下还款日期和利息，如果你借用的时间比较短，利息给的也比较合理的话，和仅凭你空口一句“我一定会还”相比较而言，借钱成功率会高很多。

一定要记住了，当别人把钱借给你的时候，你需要用白纸黑字写下欠款金额，以及还款时间和利息，若是逾期了，需要如何处理，等等。最后还要一并签名，不要认为关系好就没有必要签名，关系越好越有必要，这样做也可以让对方心中有安全感，并且让借款给你的人认为你是很认真在看待借钱这件事的。

我有一个朋友小陈给我讲述他借钱的经历，我很欣赏他的处理方式。

在他上大学的时候，他跟几个关系要好的同学想到了一个项目，打算大学毕业后一起把这个项目做起来。

毕业后，他身上一分钱也没有，而他的父母由于思想保守，也不愿意拿钱来支持他，而他也不具备从银行贷款的条件，所以他就想着从自己的亲戚那里借钱。

他的这个项目需要五十万元的启动资金。他们总共六个人。也就是说，每个人需要拿八万出来。

对于一个刚满二十二岁的大男孩来说，八万的额度并不小。

他当时想，如果从某一个人那里借八万，成功率几乎是零。于是，他就把平时和他走得近的亲戚、朋友的名单写了下来，有二十来个人。他从中筛选出了八个人，决定从他们每个人那里借一万。

在组织好说辞之后，他便挨个上门拜访。结果，有四个人答应借款给他，他又从名单上剩下的十来个人当中筛选了四个，试着从他们那里借到还差的四万。

最后，八万顺利借到手。同时，他给每个人都打了欠条，注明了还款日期。

可是，他接下来要着手的这个项目并没有他预想的那么顺利，迟迟没有回本，到了还款日期，他被借款给他的人硬催着还款。

他告诉自己，不能逃避，不能像很多背负一身债的人那样狗急跳墙，不能再接着借钱，或拆东墙补西墙。

他挨家拜访借钱给他的人，告诉他们因为经营不善，目前还没有开始盈利，但他绝对不会放弃，会坚持把业务做起来，至于欠的钱，一定会还，并且承诺自己会提供给他们终生免费的家用电器维修服务。

小陈很擅长修电器，他利用了自己的特长作为给这些债主的额外补偿。因为他的勇于面对和担当，债主们也就没有再向他催款。

每一次上门帮他们修电器，债主们都说不急着还钱，先慢慢搞业务。

后来，小陈的业务慢慢做了起来，很快便还清了债。

现在，他成了大老板，但对于当初借钱给他的人，他视他们是自己一辈子的恩人，而免费维修电器这件事依然是终生有效。

无论是谁，只要愿意借钱给我们救急，我们都需要把这个人当成一辈子的恩人，因为现实中愿意把自己的钱拿出来借给你的人真的是太少了。

我有一些朋友，跟自己公司老板的关系特别好，而这些公司老板大都是我们所说的有钱人。很多人会认为，当某个人身边有几个富人朋友存在，这个人肯定是特别幸福的，最起码可以在自己缺钱的时候及时寻求富人朋友的帮助。可事实上，很多有钱人宁愿把自己的钱捐出去，也不愿意把自己的钱借出去。

按道理说，有钱人不差钱，为什么我们向有钱的朋友借钱这么难呢？

有钱人都喜欢借钱，但却不喜欢把自己的钱借出去。他们会把自己的钱用来进行各种投资，有钱人手里基本上不会放置大量的闲钱，他们都非常擅长预支。我们会发现他们钱包里装满一排排的信用卡，而且每张信用卡额度都非常高。

越是有钱的人，手头可以运转的现金越少，因为他们总是在不断投资，根本没有什么闲钱可借给你。

我从不向有钱人借钱，虽然我的有钱人朋友很多。我的做法就是尽量从银行借贷。

接下来，说一下银行推出的信用贷款。

信用贷款，顾名思义，就是通过借贷人的信誉发放的贷款，无需任何抵押担保和第三方的担保。但是，需要借款人有一定的信用程度，也就是说，你得在银行有过借贷和还款记录。

我在前面一节说到，越年轻越需要借贷，因为这样可以为自己累积借贷记录。不过，这有一个很重要的前提：按时还款，不要逾期。

如果你借款记录非常多，但是屡次逾期，在这种情况下，你的信用程度还不如没有任何借贷记录的人。

关于信用贷款，常涉及信用卡办理业务。申请一张信用卡，是非常有必要的。如果你还是一个学生的话，办理信用卡就没那么容易了。当然，还是有很多有头脑的学生成功办理了信用卡。

我有一个朋友的妹妹小花，今年二十一岁。我去年见到小花时，她正开着一辆新款甲壳虫载着我朋友一起去吃下午茶。对于这么小年纪的她就开甲壳虫，我也没有多想，毕竟小花的家庭条件很好，爸妈都是生意人，给她买辆甲壳虫不足为奇。可在聊天过程中，我被这个还在读大一的小女孩惊到了。

“姐，下个月车贷你先帮我垫一下吧，我这个月的钱全铺在货里面了。”

“哦，知道了。”

我一脸惊讶：“这甲壳虫是你自己贷款买的吗？”

“是啊。去年买的。”

“大学生贷款买车条件复杂吗？”

“就走正常程序啊，付首付，然后证明我每个月的收入就行了。”

“是你爸妈垫的首付吗？”

“肯定不是啊，要是那样就不是我了，我高中毕业后就再也没从家里拿过钱了，我比我姐更加自力更生，大学学费都是我自己赚的。”

“快讲讲，我太好奇了。”

“这说来话长了。我十六岁的时候，就办了张银行借记卡。从小到大的压岁钱，我也攒了一些，大概有两万多块钱，我全部都存进了我的那张借记卡里。后来，我爸妈给我学费，我也都会先存进那张卡，然后再取出来交给学校，也包括一些生活费啥的。所以，我的银行卡一直都有流水记录。高中毕业后，也刚好到了可以申请信用卡的年龄。那年暑假，我就随便找了家公司打工，并让他们给我开张工资证明。加上我的银行流水记录，很容易就批了三千的信用额度。为了涨额度，我每个月都会把信用卡里的钱刷光，但是我还款从来不逾期，所以额度很快涨到了六千。再后来，我自己开了家网店，我开店的第一笔启动资金就是我的压岁钱。刚开始，我经营得很一般，基本上不赚钱，第二年稍微好了一点，每个月能有两千左右的收入，而到现在，每个月已有七八千的收入了。同时，我的信用卡额度很快涨到了两万。因为还款信用很好，去年成功申请到了一笔信用贷款，是一笔五万的资金。加上我手里的一点流动资金，我付了甲壳虫的首付。而每个月四千来块钱的按揭，我完全可以自理。”

我朋友骄傲地说：“我妹妹很有经济头脑的。”

我说：“是啊，小小年纪，非常棒了。”

其实，关于大学生贷款，银行也针对不同情况推出了许多大学生贷款业务。只可惜，好多大学生爱逛淘宝，爱逛商场，却不爱逛银行，这样便流失了很多贷款的机会。

关于信用贷款，一定要保证自己可以定时还款，不逾期。这样，随着每次还款的完成和自己的征信分数的增加，额度也会不断提高。很多人逾期，不是说自己还不上，而是忘记了，这是很可惜的。你可以在手机上给自己设个提醒闹铃，或者在家里、办公室里用小贴士提醒自己还款。

说完无抵押贷款，再来说说抵押贷款。

抵押贷款的优点：贷款利息低，贷款金额高。缺点：审批严格，手续复杂，放款时间慢，需要个人资产抵押。

我们要学会充分利用自己所有的条件申请抵押贷款。这里的条件包含：职业身份（比如，你是公务员、医生、教师、律师和世界五百强企业的员工）、名下资产（比如，你有房、有车）。

这个社会上有太多人浪费了自己的贷款优势，身上没有一分钱的债务，整天嘴里喊着："什么时候才能买房、买车啊？""什么时候才能过上好日子啊？"

我眼看着好多人，手里有很好的赚钱项目，却因为没有资金而被迫放弃，甚至让自己的房产搁在那当空气，也不知道去银行办个抵押贷款救个急。

我想说说几年前，关于我爸的一件事。

我爸是交通行业的老员工。他的公司经常跟政府在一起合作修路。有一次，他的上司出主意，想找几个关系好的朋友合伙买一台机器在工地上做事，这样每家的收入可以额外增加不少。一台机器要一百来万，我爸的上司让我爸找四个人一起买，大概每家要出二十万。

有一次吃饭的时候，我爸问我妈："咱们亲戚还有谁家有闲钱啊？可以投资这个机器，稳赚钱的事找外面的人做不划算，造福一下自家亲戚多好啊。"

我妈："是啊，我下午打电话问问看吧。"

我一听就着急了："我们自己为什么不做？"

我爸："二十万啊，我们哪有那么多现金？"

我："我们家这房子可以拿去银行抵押贷款啊。"

我妈："抵押房子？那我们岂不连个属于自己的住处都没有了。"

我：“既然是稳赚，为什么不抵押？抵押给银行，又不是卖给银行，我们怎么就没有地方住了呢？你们都是有稳定工作的人，贷款更容易，为什么不这么干一下呢？”

我爸：“对喔。咱们可以试试啊。”

后来，我爸成功贷到了钱。而每个月的还款额度非常低，完全可以承受，但是借此却创造了另外一笔可观的收入。

现在，最常见的就是房产抵押贷款。很多人不愿意把自己的房产拿出来抵押，就是涉及一个很重要的心理：抵押自己的房产＝失去了自己的房子。在很多老一辈的女性心中，房子代表着安全，代表着归属，如果把自己的房子抵押出去，就好像把房子卖了一样，就失去了所谓的安全感。但事实上，站在银行的立场，银行主要是通过办理抵押，让自己贷出去的钱多一份保障，并不是想要贷款人的房子，银行办理抵押贷款业务为的是要赚利息。

除了房产的抵押，还有一些可抵押品，包括有价证券、国债券、各种股票以及货物的提单、栈单或者其他各种证明物品所有权的单据，都可以拿去银行申请抵押贷款。

在实际生活中，我见过非常多的人在贷款这件事上显得很聪明。一方面提前消费了，拥有了自己想要的东西；另一方面，在借贷的同时争取更低的利息。

我还有个朋友，她有一个专门的通讯录，里面的联系人全都是各家银行的贷款专员。她会定期给他们打电话，询问有没有利息低、放贷快的业务。她也会定期登录每个银行的官方网站，查找适合自己的贷款项目。

很多朋友约我时，习惯于去咖啡馆、商场，而她总是约我去银行，为的是可以顺便咨询各种贷款业务、理财业务。

她常说："我要把银行这个大金库当成自己的第二个家，没事就回去看看。"

我在强调贷款的重要性，但并不是鼓动你去盲目贷款。

在民间，有一些很不正规的贷款机构，只要你露个脸，提供身份证，再提供家庭住址，写个字，按个手印，就可以贷款了。不管你是怎么样的人，甚至是学生都可以贷到很多钱。但是利息高得离谱，你若不能及时还上，有时身家性命都难保，你的父母、亲戚均会受到牵连。我必须说，你一定要远离这样的机构，一定要找银行对自己做一个评估，看看自己目前到底能够承受多大的贷款金额。你不可能在没有任何还款能力时，就去借很多钱随意花销；你也不可能每月拿着三千块钱的工资，去银行贷五十万，三年还完。你这样做，不是在激发自己的潜能，而是在逼自己走上绝路。还有那些拿着贷款去赌博，甚至是二次放贷给另外一个人而自己从中收取利息的做法，都是不可取的。

请你记住，如果你的心态是赌，就会有输有赢，各占一半。如果是出于激发自己的潜能，那你就百分之百会赢。

聪明的你，应该知道自己该选择什么路走下去。

贷款前需注意：若打算贷款，你最少提前三个月开始为申请贷款做准备，银行和私人的金融公司除了看个人征信和资产以外，银行里的流水也是重中之重，各个贷款机构主要看银行流水里每月的结息和每月固定进账的钱有多少。贷款前三个月，可以在银行账户里放置一定的资金，在这个时间段内，尽量频繁地多存钱，少取钱，把流水做足。

举个例子，你想买一辆八十万的车，首付三十万。

你可以利用手里的三十万，先去银行把银行流水做足。比如，你至少提前三个月把二十万存入银行账户里，在这期间，你尽量不要动这笔资金（若是觉得利息太低，可以转存银行短期的理财产品）。而另外十万就放在手上，每隔几天就去银行存一点，然后再取出来，你要让取出的钱额总是小于存入的钱。

你把流水账单做足，进出账足够频繁，会更有利于贷款机构审批通过你的贷款申请。

PART2

花钱：
让花钱成为一种投资

变相的投资

花钱，顾名思义，就是把口袋的钱开销出去。在很多有钱人的潜意识里，花钱就是投资，无论是投资自己，还是投资某个项目。而在大众的潜意识里，花钱就是把钱花掉，花一分就少一分。

多年前，我也认为花钱和投资是两码事，一个是出钱，一个是进钱。

在某个晴朗的下午，我的好友兰兰找我出去喝茶聊天。

兰兰向我抱怨起她的妈妈："我们家的老佛爷啊，我真是拿她没办法。我们住一起吧，天天和她为点小事吵；若不住一起吧，见不着面又会想她。"

"又吵嘴了？"

"可不是嘛，足足吵了两天。"

“为什么吵？说来听听。”

“我前两天买了两套衣服，被老佛爷看见了吊牌。她掐指一算，发现我为此花了一万多块钱。于是，她跟我急了。她说我铺张浪费，说我不节约。我想啊，我又没花她的钱，她凭什么天天盯着我怎么花钱。价值观不一样，彼此真的很没有认同感。冰冰，你改天去给我妈上一课呗，帮我开导开导她，既然她的女儿能赚钱，为什么不能按照自己的意愿花钱呢？过两天，我本想买个好一点的跑步机，现在，我不知道该怎么说服她。”

“哈哈！我们彼此彼此。全天下的妈妈都差不多，没有几个是想得开的。不过，这也不难理解，她们大都是从那个缺吃少穿的年代中走过来的。她们当中的一些人即便后来生活变好了，现在依然牢牢抓着节俭的生活信念。”

“那你说说看，我天天为了买东西这种事与她争吵的次数，快赶上我和老公拌嘴的次数了。而我跟老公吵架，至少老公会哄我。而跟她吵，却要我去哄她。我真是快委屈死了。”

“你若想改变她的消费观，有点难。她那一辈人，特别是她的父母辈，下面一般都有好几个孩子，如果不省吃俭用的话，根本活不下去。你想想啊，我们现在买一件衣服足够节俭的家庭一家人一个月开销。”

“按照你的意思，我和她只有分开住了。”

“你不用改变她的消费观，你可以让她明白花钱背后隐藏的事实真相。”

“真相？什么真相？”

“你得让她明白，花钱其实是一种变相的投资。”

“是啊，我买这种价钱高的衣服，真的是在投资自己。好衣服不仅增加了我的自信，我把自己穿得‘高大上’了，有时会显得特别好运，订单都变得更多了。”

“想赚大钱的人，一般都舍得大投资。而项目的大小跟投资多少，往往也是成正比的。虽然不是说投资得越多就赚得越大，但是如果想赚大的肯定投资不会小。这就好比男人抽烟，同样是烟，有钱人会抽大几十甚至一两百一盒的烟，穷人最多抽一二十块钱一盒的。穷人或不抽烟的人会想，都是抽烟，干吗要抽那么贵的？但有钱人认为，好烟不仅可以少一点对身体造成的伤害，更可以在自己洽谈业务时赢得脸面，变相地有助于谈判成功。男人抽好烟，和女人买价钱高的衣服的道理是一样的。几十、几百块钱一件的衣服当然也可以穿，为什么非要买几千块钱一件的呢？不是女人刻意追求奢侈的感觉，我们不得不承认，贵的衣服从设计、剪裁和做工上都很精良，这一点是低价衣服不能相比的。价位的不同，就是品质的不同，穿在身上，自然也能折射一个女人的品质追求。穿贵的衣服，不仅可以让一个女人腰板挺得更直，关键这也是一种精神洗礼。”

“一旦穿了贵衣服以后，就不想再去挑那些便宜货穿了。”

“水往低处流，人往高处走。”

“问题是，我跟她讲这些，她也不会认同啊。哎！”

“她会认同的，但你的讲话方式需要改变。尽量不要常说‘购买’‘消费’这样的字眼，多说‘投资’。”

“怎么说啊？”

“比如，你要买跑步机，你就说你打算投资健康，或者直接说你想投资健身房。下次再买衣服的时候，你就说要投资一个业务，或者说想投资夫妻感情。当你买补品的时候，你可以说打算投资全家人的健康……”

“这样说，有什么实质性的变化吗？她总喜欢钻牛角尖，总能证明我花钱花多了，她一定会说少花钱也可以投资自信和健康。”

“我让你用‘投资’这个词，是想让你妈妈更容易接受一些，很多和她一样的人在潜意识里都活跃着这样的信息：**如果是‘投资’，钱还可以回来；如果是‘购买’，钱就彻底花出去了**。其实，投资也好，花钱也罢，自己荷包的钱都得跑到别人的口袋里，投资也是花钱，投资也有风险，只有钱花对了才是一种有效投资。”

“你说的有道理啊。”

一个月后，兰兰打电话给我，激动得不行。她告诉我，用“投资”这词来代替以往的说法，真的特别有效。她妈妈还是认为她的投资贵，但是不再像以前那样激烈反对了。她跟我聊了投资跑步机的过程，我听了之后不禁大笑起来。

（兰兰和她妈关于买跑步机的对话）

“妈，为了以后少买补品和少进医院，我想投资健康。”

“怎么投资？”

“我想先投资个跑步机。”

“家里哪有地方放啊！一台跑步机要花很多钱啊！”

“如果投资一个好一点的跑步机，不仅耐用，售后也有保证。跑步机的款式最好潮一点，和家具搭配一点。买一台高端点的八千块钱左右的跑步机，按五年寿命计算，每天才一百来块。更重要的是家里面的人都可以用。再说了，现在外面洗一次桑拿都要一两百块了，更别说买保健品。每天在跑步机上健身，把没有必要的开销都省了。”

“嗯，那就投资一台吧。”

（兰兰和她妈关于买高价衣服和高价包的对话）

“妈，我现在有个业务，需要先给自己投资一下，才能更容易做好这个业务。”

“怎么投资自己？”

“我得去买一套香奈儿的新款彩妆和一套卓雅专柜的新款衣服，还有包包。”

“那要多少钱啊？”

“加起来将近一万吧。”

“为什么非要买那么贵的东西才叫投资自己呢？你不是已经有很多衣服了吗？”

“妈！女人永远不嫌衣服多。穿上新衣服，整个人身心都愉快了。您想想，我的这个客户属于高端客户，我代表整个公司跟他谈，如果我也穿得高端，他会瞬间对我们公司的印象有所变好。这会让我很自信，更能促进业务谈判。等到单子一签，我能获得一份可观的提成，所以，这套衣服是从这客户身上赚回来的。”

“嗯，这个可以投资。那你就去买吧。”

后来，兰兰在电话里面对我说：“你别说，同样都是花钱，但用上‘投资’这个词，我脑洞瞬间大开，跟个谈判专家似的。我妈也没有再挑过我的刺。有效，真的很有效！”

事实上，很多人爱把投资想得很高大上，认为只有手里面有钱的人才能谈投资。我们千万不要把投资看得遥不可及，我们每天都在进行各种投资。投资公司，投资股票，投资美丽，投资健康，投资体能，投资自信，投资精神，等等。这些都是投资。我们吃的每一餐饭，都是在投资我们的体能和健康；我们买的每一件衣服都是在投资我们的美丽；我们买的任何奢侈品或名牌物品都是在投资我们的自信和精神……

钱如何花才是花对了？

不同的人，标准也是不一样的。但可以肯定的是，花对钱就是一种投资，就是在为自己赚钱。不管是哪种程度的开销，只要把你的长远眼光放进去，就会有意想不到的收获。

生活中，每个人每天都需要花钱吃饭，而吃一顿饭的开销从几块钱到几千的都有。花几千块钱吃一顿饭就一定是浪费吗？花几块钱吃一顿饭就是在亏待自己吗？

在很多人看来，食物是消耗品，吃饭花大钱就是浪费。花大钱吃一顿饭也是一种投资，更多时候可以促成一张单的签约。如果花掉一大笔钱，后来可以赢得大于这笔钱的好处，这等于是在赚钱，等于是投资成功，这钱就是花对了。

每个人都知道病从口入，却很少有人在意自己平时的饮食。平时靠馒头、泡面、剩菜剩饭、腌菜过日子的人，去医院看病买单，看上去更像大款；平时连买一只母鸡回家炖汤都舍不得的人，在生病时非进口药不吃，瞬间成了十足的土豪。平时不想着投资，想投资时可能已经无效了。

难道是因为这些人的数学很差吗？

像我这种数学成绩经常不及格的人，都知道这样花钱是相当不划算的。说到底，这是没有长远的投资眼光。

我们都认可做人要有长远眼光，可很多人一生都停留在嘴上说说而已。

穷人，或者有钱人，都离不开对食物的开销。

如果一个有钱人不懂得在食物上面投资，那么将来过得可能还不如一个穷人，要么就是将积蓄都给了医院，要么就是还没有享受到自己创造出来的财富就早早告别了这个世界。

如果一个穷人不懂得在食物上面投资，将来的生活只会更加拮据。我身边有太多这样的例子，包括我的外婆。

2011 年，我外婆被检查出来患了直肠癌。她将存了大半辈子的钱取了出来，甚至把房子也给卖了，然后用这些钱去治病。很显然，她年轻时并没有想过日常花钱就是投资这样的事情。

在她年轻时，吃不饱饭是正常现象，而且油水不多，吃的尽是一些腌制的酸菜啥的。为了省钱养家，她会把家里母鸡生的土鸡蛋拿出去卖，吃饭似乎永远是一件可以将就的事情。

后来，她的儿女都成了家，生活条件也日趋好转，但在缺乏养生知识的前提下，她并不知道如何吃才是好的，吃饭依然是一件可以将就的事情。当晚辈们送她营养品时，她还会嘱咐一句“以后不要再浪费了”。

结果，等到她得上了直肠癌这种病，竟然只是认为自己运气不好。

说实话，生活中和我外婆思想相似的人太多了。你跟这些人讲投资什么项目，他们能理解。但你如果告诉他们投资健康，投资魅力……他们会觉得你是在开玩笑。

在这里还要特别点出这么一类人，他们认为自己不差钱，天天大鱼大肉地吃，导致营养过剩，加上不爱运动，毒素在体内日积月累，最后终于病倒了。

若这些人将吃饭也当成一种投资的话，我相信他们不会这么吃的。在他们的潜意识里，花钱吃饭就只是日常开销的基本项，谈不上投资。

对我来说，什么满汉全席，以及千年灵芝、万年人参啥的，我根本毫无兴趣。我更重视每餐营养的搭配。我常提醒自己的吃饭原则就是“简单却不将就”。

有一次，我的一个老同学来看我。我从超市买了三样有机蔬菜：西兰花、上海青和胡萝卜，外加一条鱼和一点猪肉。另外，我又买了三样水果：苹果、哈密瓜和橙子。外加一些零食：开心果、松子和夏威夷果。最后，我买了两瓶天然矿泉水。我一共花了三百多块钱。买好食材后，我就回家做饭招待她。

看着一桌子的美食，她很惊讶。

“这花了你不少钱吧！”

“三百多块吧。”

“其实，你不用这样招待我的，我们出去吃个重庆火锅也就一百来块，味道又好，你又不用这么麻烦。如今在家做饭往往不如下馆子划算，吃饭的人要是多点还好，人少了就真的很不划算了。你下次可别这么招待我了，带我出去吃就行。”

“即使你不来，我自己也会这样做给自己吃的，顶多是少两个菜，也便宜不到哪去的。”

“啊？那多么浪费啊！如果选择出去吃个盒饭，十几块钱就搞定了，你这又是蒸鱼，又是煲汤，又是煮饭、炒菜的，再加上煤气费和你自己的人工费，这也太浪费了。看来你真是有钱人，真不怕麻烦。像我这样的穷人，在外面吃一顿饭二十块钱已经算是很讲究的了。”

“那你可错了。这个账，我可比你会算。我现在在食材上面多开销一点，多麻烦一点，以后就可以从医院那里多赚回来一点。”

“什么？从医院多赚回来一点？”

“对啊。如果现在不注意养生，我们赚的所有的钱都是为医院赚的。到时候，钱花在医院，搞不好连生命也得留下。”

“原来你说的是生病这个事啊。那么遥远的事，以后再说好了，生老病死是每个人都需要经历的，我还是过得痛快一天是一天吧。”

“我可以老死，但我绝对不允许自己病死。人和植物一样，缺失了营养就会生病，也会加快死亡的到来。”

“现在的人哪里还缺营养啊，个个都营养过剩，你瞅瞅外面那么多胖子就知道了。”

“那是热量过剩，不是营养过剩。你说说去 KFC 里吃一份全家桶，几十块不到够好几个人吃饱，可你告诉我营养在哪里？有瓜果蔬菜那里面的营养吗？两块钱可以买五个馒头，也能吃饱，营养又在哪里？吃的全部是碳水化合物而已。你说的吃盒饭什么的，真的是在将就着吃饱而已，至于是否干净，食材是否新鲜，吃多了是否伤身体……这些可能存在的问题我不允许发生在我的身上。”

“可是在外面吃很省钱啊。你这样吃太费钱了，没有几个人能承受得了。”

“如果花大钱看病都承受得起，花小钱吃个饭为啥承受不起？”

“你算是让我长见识了！”

“你慢慢就会明白了。像我这样吃，不但不是在花钱，而是在赚钱。”

不只是在吃的方面，无论是哪方面的花费，在很多人的惯性思维中，几乎都理所当然地认为花一分就少一分，省一分就多一分。然而，在有钱人眼中，花钱也是赚钱，现在花了很多，不代表以后就变穷了。

2011年，我的好友吴丽在她结婚的前一天晚上，给我打了电话，向我发牢骚。

“这婚不能结了，三观不同步，在一起会好累。”

“又发大小姐脾气了？发生什么事了？你这马上就要结婚了，怎么还说这种话呢？”

“我突然发现人还是不要太有钱了，否则子女不可能拥有一个有钱人的脑袋。”

“何出此言？”

“他老爸有钱，他是个典型的‘富二代’。他竟然跟我算了一笔很幼稚的账，完全是个没什么头脑的人。”

“你这话从何说起？”

“他爸拿出两百万给他结婚用，他买了一辆跑车就花了一百多万，剩下八十万，我说要买钻戒，他不愿意。他跟我说，钱花一分就少一分，花光了就没有了，然后他老爸就不会继续给他钱了。我对他说，钱不是花了就没有了，我们自己也是要去赚钱的。”

“哦，那可真是很典型的穷人思维。他认为花一分就少一分，而不是今天花一分，明天可以赚两分。”

“对啊。我真的想象不出来他竟然是有钱人家的儿子，别人还瞎羡慕我嫁得好。”

“‘富二代’难免会这样的。一个人在太优越的环境里长大，未必是一件好事。”

“可是，我现在是要嫁这样的人耶！我爸妈没有什么钱，我现在所创造的财富都是自己努力挣来的，从来没有依靠过我家人。他完全没有类似的观念，我认为自己需要好好考虑一下这桩婚事了。”

吴丽是我大学时认识的朋友，我们当时一起研究过心理学。大三的时候，她靠贷款在国外开了两家创意手工艺店。回国后，她一直在淘宝上卖自己创作的手工艺品，二十三岁时，她月收入已经超过十万。后来，她又投资做珠宝生意，做了不到两年便身价千万。二十五岁时，她买了属于自己的房子和车子。

吴丽是我朋友圈里重点学习的对象。当我们都以为她会很顺利地跟那个“富二代”结婚时，吴丽却退缩了。她认为婚姻需要在思想观念上门当户对，“富二代”虽然家庭环境优越，但是思想一点也不富有。

最后，她果断放弃了这桩婚事。因为吴丽很清楚地知道，他不是一个真正的有钱人。

省钱是暂时的

我在高中时曾买过一件八百多的衣服，结果被我妈扣上了“败家子”的帽子。现在回头想想，那时的八百块钱的衣服，也就相当于现在两千块钱左右的衣服吧。

当时，我是拿着自己的压岁钱去买的。我太喜欢那件衣服了，每次从那个衣橱旁经过的时候，我都忍不住多看几眼，最后终于受不住诱惑，买了回去。

自从买了那件衣服之后，在各种花销上，我就再也没有缩手缩脚过。

也不知从何时开始，我被自家人冠上了“最会花钱”“花钱如流水”的头衔。有时，我听他们这么一说，我的心会瞬间充满内疚感，觉得自己可能真的是太大手大脚了。可我“爱花钱”的举止并没有因为我的内疚和家人的看不惯而停下来，而是越演越烈。

当时，我也不知道自己为什么会变成那样。

现在，我明白了，“最会花钱”“花钱如流水”这样的信息被反复提及的频率太高了，所以就深入我的潜意识，而且在潜意识中非常活跃。因此，我的潜意识会一直命令我不停地花钱。于是，我越花越多，而且花钱的金额越来越大，买的东西越来越高档。

在不了解潜意识工作原理之前，我也会痛恨自己花钱如流水；懂得潜意识工作原理之后，我不但不责怪自己，而且很感谢自己。

只有潜意识认为自己可以赚大钱的人，才不会在遇到自己喜欢的东西时，刻意去节省。对自己喜欢的东西忍住不去购买的人，在遇到自己喜欢的人时也会忍住不去追求。

我那件八百块钱买的衣服，至今仍然挂在我的衣橱里。

有一次，一个朋友到我家里玩，发现了这件衣服，便问我这件衣服在哪儿买的，她也想去买一件。我跟她说，这是一件十三年前的衣服。她不相信。

她说：“还是过去的衣服质量好啊，这么多年过去了，竟然没有褪色，也没有变形，就连款式也没有过时。”

我不止一次听到有人说现在的衣服不如过去的，总是强调过去的衣服质量非常好。我的奶奶和外婆也经常这么说，她们说现在的衣服不仅贵，而且质量差，穿一年就很旧了，恨不得洗一次就变形，能穿个几年不破洞就谢天谢地了。

“你知道这衣服是多少钱买的吗？八百块钱。”

“八百块钱，还好啊。”

“那时的八百块钱差不多相当于现在的两三千块钱。你现在去商店随便买一件三千块钱的衣服，质量也是挺好的呀。”

“那倒是，你真会买啊。那么早就知道‘只买贵的不买对的’啦。”

“社会发展太快，物价飞速增长，而很多老一辈人的消费观念并没有紧跟时代的脚步。四十年前，一个男人可以花五块钱买一件质量很好的西装。现在的五块钱连一件高档西装上的一粒扣子都买不下来。那时，五块钱可以做很多事情，就如现在三千块钱也可以做很多事情一样。老一辈的人都爱拿过去质量好的几块钱的衣服跟如今上千块钱的衣服比，表面是在比东西，实际是在比价格，可是价格有可比性吗？贵的不一定对，但是对的一定不会便宜。”

“是啊，你十三年前买的八百块钱的衣服现在看起来还是很不错，这就是对的。”

“老一辈人习惯于教育后代要学会节约，能省就省，赚钱很不容易。谁要是接收了他们的这种教育，他们的教育理念就会活跃在谁的潜意识中，谁就会彻底告别成为有钱人。”

“节约一点，不是很好吗？少花点钱，总归是好的吧。”

“那我问你，你一个月买几次衣服，每件衣服多少钱？”

“我工资没你高，肯定不能跟你比。我买衣服是不定时的，看见喜欢的就买，但不会刻意追求品牌，一件衣服一般不会超过一千块钱，一般也就几百块钱，甚至还有从网上买的几十块钱一件的。”

“那我问你，三个月之内，你会为自己添几套衣服？”

“这个不一定的，最少三套吧。每次发工资我都会去买一套衣服犒赏一下自己。”

“按照你的说法，一套衣服不到一千块钱，三个月加起来可能也就花费两千五百块钱左右，对吧？”

“嗯，两千五百块钱肯定是要的。如果是买冬天的衣服，花费可能还会更多一点。”

“老实说，对于你买的衣服，你觉得穿过几次就没有刚买时的那种喜欢了？”

“这个啊，也不定的。一般洗过两三次就没有什么型了，有的洗一次就洗坏了。所以，我不会一件衣服穿几年，顶多一年后就不会再穿了。女人没有必要在衣服上为自己省钱，每年都有新款，该换就换呗。”

“但是，你认为这样买衣服是省了吗？自从我有了房贷、车贷，以及七七八八的贷款之后，我不允许自己一个月买一套衣服。但我的衣服，都是几千块钱一件的。我现在差不多一个季度买一套衣服，每次花费三千块钱左右。你认为你的几套加起来两千五百块钱跟我的一套三千块钱有什么区别？我的衣服不会变形，有质感，有品牌，有售后服务。穿在身上，比几百块的衣服提升自信太多，出入任何场所都不显寒酸。”

“是哦。照你这么说来，我没有省什么钱不说，还亏了似的。”

“正所谓宁缺毋滥，真正好的又适合自己的东西，是不会过时的。你与其买一堆不上档次的衣服，不如只买一件，经久不衰。而且你穿一件贵的衣服在身上，你就是在做有钱人，别人也会认为你是有钱人，而当‘我是有钱人’这种信息在你耳边或者在你心里面重复多次时，你想不当有钱人都难。”

“真是一语惊醒梦中人。从现在开始，我不再在买衣服上省钱了。”

“关键是，你根本就没有省钱啊！”

“对啊……”

在穿衣服方面，我相信很多女性跟我这个朋友是一样的。在你的衣柜里，有没有几年前买的现在拿出来仍然没有起皱、变形的，穿出去依然可以让自己神采奕奕的衣服？如果没有，你就不要再说自己买衣服很省钱了。

我的橱柜里摆满了衣服，但件件精品，都是几年累积购买的。那些三年前的衣服，现在穿起来依然让我自信满满。

在穿上省，我还可以理解，在吃上省，我就不理解了。那些舍不得吃的人，究竟为自己省了多少钱呢？

我记得自己在上学时，每天的伙食费是十块钱，如果按照正常吃法，早餐一杯豆浆，一个煮鸡蛋，一个菜包子和一个肉包，那么营养就相当丰富了，但是需要花掉三块多。为了把钱省下来买其他的东西，我选择早上只买一杯豆浆和一个馒头，总共才一块钱。有时，还会只吃一个菜包子，或者什么都不吃。现在想想，那时几乎天天生病，抵抗力差，与我不好好吃饭有很大关系。

读大学时，我为了省出零花钱，依然是不好好吃饭。有时，一天就吃一碗面条，或者顿顿都是面条。

你可能出生于偏远的贫困山区，或者从小家庭条件不太好，为了省下一点生活费而在吃饭上面拼命克扣自己。那么，你该醒醒了，再不醒过来，未来的某一天你会倾家荡产。

什么？我夸大其词？

好吧，我来给你算一笔账。不好好吃饭的人，身体长期营养不良，贫血头晕，各种顽固疾病都会找上你。得了这些病，你认为你需要花多少钱才能治好？得了这些病，条件不好的即使倾家荡产也治不好。即便治好了，你不是已经亏大了吗？

我见的更多的是在装修房子或购买家具上的“省”。

现在各种装修公司，都会提供很多套餐，比如388元/平方米，488元/平方米，588元/平方米，一直到5000元/平方米的价格都有。很多人认为，干吗要装那么贵的，最后差不了太多。

很多人为了省钱，选择了最便宜的套餐，而在随后几年里，问题连续不断。比如，下水管很容易堵，很容易裂。而找人来修一次的价格，相当于几条质量好的管道。又比如，地板砖没多久就鼓起来了，乳胶漆掉得厉害；一用大功率电器，保险丝就会烧；吊顶小灯泡用不了一个月就要换新，等等。只要找人修，前后的材料费加人工费比一开始就直接用好的材料会更贵。选择差一点的装修，一开始是省了不少钱，可是长远算下来，一点也没有省钱。其实有时候花钱也是小事，主要是还特别麻烦。

我也做过自认为省钱的傻事。有一次，我想把家里的沙发换掉。就找好友阿聪一起去家具城逛逛。看了一圈，我选择了一组一万左右的皮沙发。当我想付款时，被阿聪阻止住了。

“你上网查一查，和这种类似的沙发，如果从网上买至少可以省一半的钱。”

“能省那么多钱啊？”

“省钱是一方面，还有沙发过时很快，用个两三年就可以换了。”

我想想他说的很有道理，就听了他的意见，选择在网上买。我从来没有在网上买过这么大件的东西，我就请阿聪帮忙。网上沙发的图片拍得相当美，产品介绍也是相当“高大上”。我最后选了一组六千的真皮沙发。当时我自己就算了账，抛去门面费和二级经销商的费用等，在网上买一组六千的沙发应该相当于在实体店买一万左右的沙发。我很乐意地付了钱。过了一个月，沙发收到了。看上去确实很不错，但总是觉得比我之前在实体店里看的那组沙发要稍微差一点。我看摆在屋子里也还是挺好看的，也就勉强满意了。

沙发买回来不到半年时间，我就发现有一个座位明显凹进去了。最后，我找修理家具的师傅来看，师傅说我这沙发质量不是很好，只是样子好看而已。

“多少钱买的？”

“六千。”

“四千都不值。”

“这个可是真皮的啊。”

“我知道是真皮的，可就是不值六千。”

我欲哭无泪，心里如同打翻了五味瓶。

后来，我又乖乖地在实体店重新买了一组一万的沙发。

我想着省钱，结果花了更多的钱。

从那以后，我更加确信一件事：宁愿多花一些钱，也不让自己后悔。

一时多花钱，长远来看是省钱。

你是不是也曾为如何省钱费尽心思？

省来省去，你发现自己并没有比别人少花钱。

当我们遇到合适自己的东西，忍住不花钱，或者该花钱的时候老想着如何砍价，你这是在强化自己的潜意识中的一条信息：我不是一个有钱人，我要省钱。

怎么做才是真正的省钱呢？

赚钱需要花时间，省钱也需要花时间。一天二十四小时，抛去吃喝拉撒睡的时间，一天只有那么几个小时可以真正被利用。你若整天把心思放在如何省钱上，那么你的赚钱时间又该从哪里挤出来呢？一个只想着省钱的人，是没有多余的时间和精力赚钱的，别再说省钱就是在为自己赚钱这样的话，那只会牢牢限制住自己的潜能。

如果有人教你如何货比三家，教你如何挑选性价比高的产品，或者教你如何购买很多名牌的过季打折产品等，如果这样就是省钱的话，那你将无法认同并做一个有钱人。当你一味地去模仿那些省钱的人如何省钱，你只会离有钱人越来越远。在有钱人的潜意识里，时间比任何东西都值钱，所以他们买东西向来不会纠结，不会过多考虑，喜欢便买，买后也不会再去询问自己这个钱到底花得值不值。

有人会问："难道不是很多有钱人也很会省钱吗？"

当你发现一个有钱人穿得很朴素，或者吃得很朴素，或者连你住的环境都比不上时，你会天真地认为这个有钱人很会节省，会认为这个有钱人都那么有钱了还舍不得花钱。

"在自己不想去花钱的方面不花钱"和"忍住在自己想花钱

的方面花钱”完全是两种观念。不想花钱的潜台词是“自己不喜欢”，而忍住不花钱的潜台词是“自己没有钱”。长期让自己忍住不花钱，只会一次次激发自己潜意识里“我没有钱，钱花出去就没有了”这样的观念。

当自己全身挂满名牌时，你看见一个比自己更有钱的人穿着一件普通的衣服极其寒酸地站在你面前，你会想：“这个家伙真是可悲啊，连件像样的衣服都舍不得买，白赚那么多钱了！”可你不知道的是，这个人家里的一个花瓶的价格也许足够你买一辈子的名牌。

每个有钱人都有自己花钱的着重点。现实中根本不会像韩剧里面演的那样，只要是有钱人，就是全身上下全是名牌，豪车、豪宅以及管家、佣人一套配齐，一个人吃一桌子的满汉全席……当你嘲笑一个有钱人花几千万去买一个古董时，那个有钱人也可能在笑你，还活在拼命花钱买名牌的阶段。

对一个真正的有钱人来说，买能让自己心情好的东西和品质有保障的东西，这就是在省钱。

把钱花在刀刃上

我的有钱人朋友经常会在微信朋友圈里第一时间和我分享他们购买的名牌。

“喂，冰儿，我今天从法国旅游回来，‘剁手’买了两个新款的 Dior 包包。”

“冰冰，我现在在香港 LV 专柜，快给个意见，买哪款？”

“Hi，妹子，我准备买车，你说我是买奥迪 Q7 还是宝马 X7？”

“冰美女，我刚买了一块欧米茄男表，给你秀一下。”

“冰冰，我在马尔代夫的 LVMH 住着，美美哒，有机会你一定要来这里感受一下。”

……

很多人看见“名牌”两个字，就会想到奢侈品牌。名牌不一定是奢侈品牌，奢侈品牌肯定是名牌。

说实话，购买奢侈品牌已经成为一个有钱人必不可少的消费。

在很多有钱人的潜意识里，都活跃着这样的信息：奢侈品牌代表尊贵与荣华，是有钱人身份的象征。

我们听到的绝大部分的奢侈品牌都来自国外，几乎没有听说过中国本土有啥自己的奢侈品牌。奢侈品牌的存在是一种文化现象，需要时间的累积，很多奢侈品牌都存在了至少百年之久。中国的企业很少有可以存活这么久的。

现阶段，中国虽然没有多少奢侈品牌，但不缺乏属于中国的名牌。若能经过时间的考验，将来定能可以发展成走向世界的奢侈品牌。

凡是名牌的东西，都不会便宜，所以很多穷人看见标签上的价格便望而却步。潜意识工作原理告诉我们：你要先认为自己是有钱人，才会成为有钱人。

买名牌，是认为自己是有钱人的基本动作。

一个品牌之所以成为名牌，不仅仅因为高档材料费、工费和设计费。包括之前的我，很多人认为质量再好，面料再高档名贵的一个包，也不至于大几万甚至几十万一只。后来，我跟一些有钱人接触后才知道，一个名包之所以贵，是因为这个包背后的故事及其品牌承载着的历史文化。这就好比，一幅有故事且历史悠久的字画可以卖出天价一样。

名牌的东西很少批量生产，基本都是限量发售。

名牌的市场主要针对的是有钱人这个群体。对于很多有钱人来说，一个名牌产品价格定低了，他们反而会质疑这个产品够不够档次。所以，抓住有钱人心理的名牌产品生产商，会有意抬高自己的产品价格。

有钱到一定程度的人买名牌，很大一部分原因是为了方便，还有省时间，因为名牌产品品质有保证，售后服务更不用操心。

还有一部分有钱人买名牌，是为了彰显自己的品位和身价。有品质的东西是可以时刻提升自信的。他们当中的一些人根本不了解自己买的产品品牌后面的故事和历史背景。

你若做不到了解品牌后面的历史，便不知道这些品牌穿戴在自己身上的真正的价值。这时，你跟大众爱跟风买东西就没什么两样了，你也就不能被称为一个真正的有钱人。

还有一部分人喜欢买仿名牌的东西，他们买的一些A货的做工甚至达到和正品分不清楚的程度。经常光顾各种挂名A货店的人，会嘲笑那些多花几倍价格买正品的人。

他们会说："走在大街上，谁能看出真假？"

买仿名牌的人，与其说是为了省钱，不如说是为了满足自己的虚荣心，为自己还不是一个真正的有钱人而寻找一种心理平衡。

他们的心理真的平衡了吗？

事实上，根本平衡不了。

真的假不了，假的真不了。你背着一个A货的包走在大街上，即使可以骗过所有人，也骗不了自己。也就是说，即使别人认为你是有钱人，可是你自己永远不会认为自己是一个有钱人。你的大脑清楚地知道，你买的是一个仿货，目前的你根本买不起正品。你买仿货的这种行为只是在反复提醒你自己，并告诉你的潜意识"我不是一个有钱人"。

买仿货的人，比从不去买名牌的人更不可能成为有钱人。

如何衡量你买的东西是不是名牌？

花多少钱买的东西才算得上是名牌？

这样的问题和讨论拥有多少钱的人才算有钱人的问题是一样的。

咱们拿女人的包来举例。对于普通大众来说，一个价格上千的包，就会认为是名牌包；对于有点钱的人来说，一个上万的包才能算得上名牌包；对于特别有钱的人，一个十几万甚至几十万的包才能算是名牌包。

我还在上大学那会儿，在国外买了一个包，折合人民币是三千多。对于当时的我来说，那个包就是名牌包。每当背上这个包出去逛街时，我瞬间会自信起来。现在想来，其实那个包包，除了做工比较好，样子非常普通。现在，我可以在国内找到很多价格很低但做工与之差不多的包包。那个包的品牌并不是很高端的那种，只是因为我买下了一个我认为是名牌的包，所以我有了自信。在我当时的潜意识里活跃着这样的信息：拥有名牌是有钱人的事。

当买下名牌的那一刻，会产生一种错觉，那就是“我也买名牌了，我也像个有钱人了”。对于那些从来不购买名牌物品的人来说，他们会讽刺追捧名牌的人，会挖苦只认名牌的人喜欢显摆，会认为这是铺张浪费，是在满足自己的虚荣心。

一开始，我也认为买名牌是自己的虚荣心在作怪。慢慢地，我发现与其说这是为了满足虚荣心，不如说是证明自己的能力和品位。

只要是人，就都有欲望。欲望的大小，决定了我们选择如何过好自己的人生，以及如何实现自己的价值。

那些名声在外的有钱人，有几个人是没有强烈欲望的？

欲望让人不满足现状，让人们想过得越来越好。我们都知道，过度的欲望是件坏事，因为会逼迫自己走极端。但保持比较强烈的生活欲望，恰恰是一个有钱人所必备的生活状态。

因为有钱人自身有比较强的欲望，在通过努力让自己走向某一个人生高度时，或者在创造新的财富时，在需要向世人证明自己能力时，名牌物品的消费往往就成为必不可少的行为。

有钱人购买名牌不是为了证明自己有钱，而是向世人也向自己证明自身价值。

有句话说得好：**推销产品，不如推销自己**。很多人给自己买名牌，也是想让与自己有业务关系的人直观感受到自己的价值，让对方可以放心与自己合作，有助于快速达成交易。

我的同事张一凡，他是负责华北区业务的销售经理。他在业务量特别少的时候，每月工资加上提成不到一万，他却借贷款买了一辆一百多万的路虎。他这个行为，让其他几个同事很不能理解，几乎全都认为他的虚荣心超强，连我都曾对他说："张经理，没必要这样打肿脸充胖子吧！"

张一凡："不充胖子，就永远成不了胖子。"

还没等我回话，他紧接着说的一番话让我不禁叹服。

他说："亏你整天还在钻研潜意识呢，你应该知道啊，想成为一个有钱人，就必须学会在行动上做一个有钱人。当我开着有钱人才会买得起的名车时，我就有一种'我是一个有钱人'的强烈感觉。我作为区域经理，开个好车，可以在客户的潜意识里激活'张一凡很厉害'的信念，业务谈判的时候就可以省心省力，不是吗？"

后来，在公司公布业绩和颁发年终奖的时候，张一凡以业务第一拿到了我们几个经理中最高的奖励。

从那以后，我再也没有去嘲笑过那些家里什么都没有，却开着价值百万元汽车的人。

在有钱人圈里，男人和女人购买名牌的重点是不太一样的。男人除了买车会挑品牌，在电子产品、手表、皮带、烟、酒、打火机，甚至平时签字用的笔的品牌选择上，也会有较高的要求。而女人则会侧重于衣服、包包、鞋子、化妆品、首饰这些能够装扮自己的东西。

大多数有钱的男性会在车和电子产品上追求名牌，但是他们往往不接受女人在穿戴上追求名牌。

有些自称节俭的男人会和自己的老婆说："衣服不就起蔽体和保暖的作用吗，几千块钱一件跟几百块钱一件的效果会有多大的不同吗？为什么非要买几千块钱一件的呢？"

如果身为女性的你恰好也听了自己的老公说了这样的话，你可以反问他："车子不就是代步吗，几万一辆的车跟几十万，甚至上百万一辆的车子相比代步效果会差很多吗？为什么非要买高档车呢？"

没有不爱车的男人，也没有不爱衣服的女人，男人买车只会越换越贵，女人买衣服也是一样。

如果你傻傻地顺从了老公的建议，减少买名牌或者不买名牌之后，像他要求的那样“勤俭持家”，那你的生活就会像“温水煮青蛙”一样逐渐改变。

慢慢地，你会不知不觉地对自己的老公失去吸引力，直到有一天自己的老公心系他人，你才发现自己原来跟大多数平凡的女人没有什么两样。不让你买名牌的老公却对着外面那些穿着贵气，举手投足散发着浓浓女人味的女人投去欣赏的目光。

你可以问他：“你怎么不对外面那些穿戴平凡的女人感兴趣？”

你不要相信他的“勤俭持家”理论，你要坚持做高贵的自己。

反过来，女人也一样，也会经常建议自己的老公不要买那么贵的车，但你问问自己：“我为什么会对外面一个开着名车的男人多看一眼呢？”

男人买名牌，可以彰显自己的地位、财力和品位；女人买名牌，可以增加自信和魅力。

女人一定要为自己购买一些名牌货，尤其是对于很多还未结婚的女性，因为对你们来说，无论自己有钱与否，都会有一个嫁给有钱人的梦想。

我一直在强调，这个世界上永远都是物以类聚，人与群分。有钱人总是配有钱人，穷人总是配穷人。你想找有钱人，首先就要让自己看起来像个有钱人。而不是天天在淘宝买两三百块钱一件的衣服，或者买一些 A 货包包。

身为女性的你，靠你目前全身上下这副装备，即使有机会让你参加有钱人的聚会，你有自信穿梭在有钱人中间吗？你认为你可以吸引到哪位有钱人的注意？

现在越来越多的人关注风水学。比如住哪里的房子啊，家私的位置怎么摆放啊，却很少人关注自己身上的风水。穿着得体且高贵大气就是一个人身上最好的风水。当你自己全身上下一副名牌装备，自己也会精神焕发，神采奕奕，这是普通品牌的装备很难给到的感觉。

你调整好了身上的风水后，理想的事业和爱情便会随之而来。

人类有着强大的适应环境的能力，这个能力包括：基因的改变、性格的改变、生理的改变、心理的改变……任何时候，都不要小看自己的适应和改变的能力。

当你从没有买过名牌，第一次购买名牌时，心理上多多少少都会有道坎。跨过这道坎之后，你会发现，在以后的日子里，除了名牌的东西，你已经不想再买一些普通货品。

舍得为自己花钱

“人不为己，天诛地灭。”

当看到这句话的时候，你会说：“我可不想成为一个自私自利的人。”

在你的潜意识里，那些只想着为自己花钱的人就是自私，为他人花钱的人就是无私。

然而，一个连自己都不爱的人，如何懂得真正的爱？如何真正做到爱别人？一个连给自己花钱都舍不得的人，何谈自私还是无私？

我们每个人都不是一个独立的个体，我们都有属于自己的生活圈子。我们每个人都有为自己和他人花钱的时候，这固然是好的。

问题是，你为自己花了多少钱？

一个连自己都不爱的人，根本不懂得如何爱人。当这条认知信息深入我的潜意识里，于是对我来说，只要是能让我高兴的，对我有益的，我一点也不怕花钱。当然，我也会非常大方地在家人身上花钱。

一个人只有把自己照顾好了，才有能力承担照顾子女和父母的责任。

如何衡量一个人爱不爱自己？

最直观的判断方法就是看这个人舍不舍得为自己花钱，舍不舍得在自己身上进行投资。

有的家长对自己的孩子说："宝贝，我爱你，我一定会好好培养你，让你成为有用的人。"于是，自己舍不得吃，舍不得穿，把钱都花在孩子身上。这样的家长多数是年轻时"壮志未酬"，甚至会把自己未实现的梦想转嫁给自己的后代，让后代替自己摸爬滚打。而多数有钱人会对自己的儿女这样说："我希望你可以健康长大，少一些烦恼，多一些快乐。"

我见过这么一个女人，她的孩子在外地上学，吃住都在学校，每个月回家一次。

女人只有在孩子放假回家时才会好好做上几餐饭，其余时间基本上不会好好买菜做饭，每顿饭就是稀饭、馒头配泡菜，几乎天天如此，后来把身体弄得无比的差。

最后，孩子还未长大成人，她自己已经身患重病，早早便让孩子担负了照顾自己的责任。

这样的爱真的有多伟大，有多无私吗？

她说是把钱省下来为了孩子，不如承认自己的懒惰思想根深蒂固。

有意思的是，这样的人在外面最爱说的一句话："我为家庭付出了太多，为孩子付出了太多，所以我基本上不会为自己花钱。"

一个人愿意把钱全部花在培养子女方面，大多数都是不懂花钱的借口。父母永远是孩子的第一任老师，狮子为了教小狮子捕食猎物的技能，会亲自演示这种技能。作为孩子的父母，你想让自己的孩子从小就有爱阅读的习惯，首先问你自己有没有先养成阅读习惯？你想让自己的孩子考上重点学校，你在学生时代的成绩是否优秀呢？你想让自己的孩子成为一颗闪耀的新星，你自己是明星吗？

如果答案都是否定的，你有什么权利把自己未完成的梦想强加到孩子身上呢？只是因为你生养了他（她）吗？如果是这样，我可以说你这是在以爱的名义欺压你的孩子吗？

你的不当，就在于侵占了孩子的童年时光，就在于侵占了孩子的梦想。

你想让孩子成为什么样的人，首先自己就要成为你想成为的人。

你自己懒惰，就别要求孩子会有多勤快；你自己品位差，就别指望孩子品位会有多高；你拼命花钱去培养自己的孩子，为什么不先花钱培养自己呢？如果你让自己成为孩子的偶像，就根本不需要在孩子身上投下过分的期望，孩子自然会效仿你从而变得优秀。

你若是不懂得为自己花钱的人，自然也不会真正懂得如何为他人花钱。你确实把一张张的钞票都花出去了，但最后发现那些钱根本就没有花在点上。这就是为什么很多人认为自己也投资了，结果却始终不尽人意。

很早以前，我们家的一个邻居就是如此，嘴里说着为自己的子女付出，实际上她太懒惰，买几十块的菜在家做着嫌费劲，拉着自己的孩子在外面吃垃圾食品，一顿花一百多块钱，还标榜自己舍得为孩子花钱。孩子病的时候，不管三七二十一，她就带孩子去医院输液。看一次病花掉她个把月的工资，她自己病了甚至连药都舍不得给自己买，她把这种本可以避免的开销称为舍得花钱。

社会的发展需要每个人的消费去推动，同样，你若不懂得往自己身上投资消费，你个人也不可能得到发展，就不会变得强大，就会停滞不前，就会越活越 low。这样的你，得不到子女的尊重，也得不到另外一半的欣赏。

有人会说："谁说不花钱就是不进步、不强大的表现？"

平常的衣食住行需要花钱，高品质的衣食住行更需要花钱。同样的，每个人都知道学习让人进步，难道学习不需要花钱吗？

对于一部分已经结婚生子的女人来说，自己和老公赚的钱好像除了孩子，谁都别想花一分，包括自己在内。于是，在孩子身上花钱如流水，给孩子吃各种有机蔬菜，以及各种进口营养品，让孩子全身上下穿着名牌，甚至连一个小小的吃饭饭勺都恨不得花钱从国外代购。自己省吃省喝，每天的穿着看上去像十足的大妈，披头散发，经常出入各种打折特卖场，一分钱恨不得掰成两分钱花。

对于天天看时尚杂志的女人，总能说出一些当下的流行元素，而对于不给自己花钱的女人，基本上不知道什么叫作流行元素。对于她们而言，赚钱的目的就是为了孩子和老公，自己活活脱脱一个黄脸婆。最后，老公出了轨，流着眼泪对老公说："我一心为这个家，却把你的心送到了外面。"你怨恨这个，怨恨那个，怨恨自己嫁错了人，却从不怨恨自己不懂得投资自己。

在很多女人的潜意识里，依然保存着很传统的观念：省吃节用，把钱尽可能地存起来，相夫教子，尽可能把心思放在家庭上面，尽可能为这个家庭多付出一点，尽可能少去关注自己，这才是一个好妻子，这才是一个好妈妈。所以，这些女人的常见行为：爱逛特价商城，爱买特价打折的东西，不爱主动请客吃饭，从来不会光顾名牌店，拼命地限制老公的开销，穿得像大妈，吃得像乞丐。

不仅如此，不少传统的男性也是这么认为的。有意思的是，在他们这么认为的同时，却强烈感觉到自己的老婆已经没有了任何吸引力，生活也失去了任何激情，每天都是在凑合着搭班子过日子，过一天是一天。很多男人在结了婚以后，也变得不爱在自己身上花钱，有很大一部分原因是自己的媳妇不断给他们灌输一种思想：工资尽可能上交，应当把钱留着给孩子用，再存起来一部分以备不时之需，若是做不到的，就不是好男人、好老公、好爸爸。

一旦上面这种信息深入到男人的潜意识里，男人就会开始省吃省喝，基本上不怎么交际，没有了所谓的朋友圈，除了烟酒钱和饭钱，所有钱都上交，下班后就宅在家里无所事事。接着，男人的肚子一天比一天大，肾一天比一天衰，整个人越来越没有活力，越来越没有激情。若是在外面看见朋友的老婆精致又美丽，就会开始各种羡慕嫉妒恨。

在如上生活观中挣扎的男女，往往只要在外面遇到的异性稍微比自己的另一半好一点，就会欣赏得死去活来，思想就会开小差，甚至会放弃自己曾寻死觅活才得以组建的家庭。这就是向自己的潜意识传递负面信息而导致的悲剧，正是这种负面的潜意识信息让一个人变得不爱为自己花钱，不爱为自己投资。

如何经营好自己的家庭？

说一千道一万，作为女人，首先就要学会大胆地自己身上花钱。你要把自己潜意识里的信息更正过来，把“不为自己花钱就是经营家庭”改成“为自己花钱就是在经营家庭”。

女人若不懂得在自己身上花钱，整个婚姻生活没有任何疑问将会变得枯燥乏味。

哪个男人不喜欢精致的女人？

哪个男人不爱千姿百态的女人？

哪个男人不爱优雅时尚的女人？

当一个男人可以娶这样的女人回家，他自己会产生危机感，哪还有心思去外面开小差。所以，女人想要留住爱情，想好好爱一个人，就得先学会爱自己，不要看见好吃的不舍得吃，看见好看的不舍得买。如果你是一个全职太太，你每天打扮得花枝招展，你的老公在外面赚钱也会动力十足。你不要认为你少花一分，就是在帮他减少一分负担。相反，如果你能让对方感觉到为你花钱值得，他反而会尽力去赚钱。

在自己身上花钱，当然不是让你开销无度。如何花钱，是一门学问。我鼓励让你在自己身上多花钱，不是说以前一个月给自己买一件摊子货，现在一个月买十件摊子货回来。量不在多，要讲究质。

你要意识到每一次开销都是一种投资。

女人为自己投资，不仅指的是投资外部的装备，还包括在内部的自修上投资，比如进行瑜伽课、舞蹈课、烹饪课、手工课、外语课、演讲课、经济课等课程的学习。

对于一个全职太太来说，当你懂得为自己开销，当你慢慢变得精致起来以后，你不但可以维护好自己的家庭，还可以激发出自己老公赚钱的潜能。

为什么？

因为你越来越好了，对你的老公越来越有吸引力了，而你的开销变大了，你的老公想要继续“留住你”，他只能逼迫自己更加能干更加上进，赚更多的钱。

在一个家庭中，一个女人值多少钱，完全是由自己来决定的。当你处处节省时，当你只擅长给孩子和老公花钱时，当你那张脸随着岁月流逝不再精致时，当你总是一身村妇装扮站在老公面前时，那么你的老公会很自然地认为他娶了一个廉价货，自然也就不能激发出他更多潜能去赚钱养家。你的表现是在无意识地暗示自己的老公：“你不是一个有钱人，你根本没有赚钱的能力。”同样的，在你老公的潜意识里，他会认为自己一个月两三千的工资足够养你，足够养这个家，用不着再动脑筋去赚钱。

我有一个朋友小晴，她是一个高端女装定做的代理。她家卖的衣服，最便宜的一件都要大几千。

有一次，小晴把她和一个客户的聊天记录截图发在了朋友圈里。

为了保护那个客户的隐私，小晴把他的微信名和头像都模糊掉了（以下用**代替小晴的这个客户）。她把内容发出来时，附上了一句感言：你若不懂得为自己消费，你的老公就会去为别人消费。

微信内容如下：

**：钱收到没？

小晴：收到了，谢谢光顾。

**：千万不要告诉我老婆我订衣服的事。

小晴：当然。您也可以给您老婆订一件啊。

**：她啊，平时上千块钱的衣服她都舍不得买，给她买只会惹她生气，说我乱花钱，说我存了私房钱。

小晴：了解。

这对话太明显不过了，这个男人是在为外面的女人买衣服。从对话内容得知，这个男人的老婆平时只会给自己买不超过一千块钱一件的衣服。

如果看这本书的你是一个女人，这样的男人有没有让你恨得咬牙切齿？

若你刚好是一个结了婚的女人，你有没有担心自己的老公也背着自己偷偷给外面的女人消费？

现在，你已经在心中想好了审问他了，甚至想请一个私家侦探二十四小时调查他的行踪了，对吗？

没用！没用！没用啊！最有效的办法就是为自己花钱！花钱！花钱！

当他感觉养活你都快喘不过气了，你认为他还有心思去招惹外面的女人吗？

你认为那些爱去招惹外面女人的男人都是花心萝卜，而自己的男人肯定不会是吗？

你还差一点常识。虽然都是人，虽然都是高级动物，但男人和女人的生理构架本来是不一样的。你真以为任何一个和男人发生关系的女人就是男人的真爱吗？那你更是大错特错。

你千万不要怨恨老公花心，不要把责任都推给男人。他有时间开小差，完全是你一手造成的。因为你不懂得变着新花样来包装自己，所以你的老公会出现审美疲劳，也慢慢失去了赚更多钱的动力。如果你一成不变，你的老公忽然之间又变得很有激情地去赚钱，你放心，给他动力的一定不是你和孩子，而是另有其人。

自古以来，女人就是推动整个经济发展的主体。俗话说得好，“男人挣钱，女人花”。我再加一句“你不花，有人帮你花”。

女人心思细腻，对五颜六色的新生事物更是缺少抗体。所以，女人总是喜欢逛街买这买那的，无论是贵的、便宜的，高端的、低端的，总是吸引着大部分女人。

现在的女人，结婚之后往往就成了管家，家里的每笔开销都需要经过女人“点头”。男人的一些物品，大多也都是交给女人来购买。我们总是在各大商场看见女人的身影，而男人的身影却少之又少。很多女人，却没有意识到在买单方面，自己有绝对的主动权。可就是有些女人，就是不愿意把这样的主动权用在自己身上。

我认识一个阿姨，她的品位很高，也很爱她的老公。在花钱方面，阿姨很少想到自己，自己穿着廉价的衣服，却舍得给丈夫买很昂贵的衣服。每天，她都把丈夫打扮得像一个“小开”。结果，阿姨的老公跟另外一个女人好上了，阿姨在痛苦中结束了自己的婚姻。

不要说自己不喜欢花钱，也不要说没有什么需要为自己买的，更不要说自己和老公的工资不高，所以不能像有钱人那样去消费。

女人，不要再认为自己老公不能赚钱了。当你的花销远远超过他的收入，深爱你的他，还会继续坐以待毙吗？

男人也是一样，不要只是上交每个月的工资，结果把自己弄成一个无精打采的成天穿梭于公司和家庭两点一线的行尸走肉。这样下去，自己没有任何魅力不说，还失去了赚钱的激情，自己的女人也会开小差。

男人和女人都一样，若不学会在自己身上消费，不学会装扮自己，不去学习提升自己，就不能在工作上崭露头角。

若我们每天都肯为自己花钱，学会呵护自己，从呵护自己身体的每一个部位开始，学会养生，学会时尚，学会与人交际……每天都朝气蓬勃，充满自信，一般的工作也好，洽谈业务也罢，不是更容易成功吗？钱包不是会越来越鼓吗？

PART3

赚钱：商机不喜欢跟风的人

商机需要你自己找

借到了钱，再花对钱，你才可以赚钱。

一说到赚钱，必须先有赚钱的路子。关于如何赚钱，有的人会想到进一个好公司，也就是靠打一份好工来赚钱；有的人则会想到靠创业当老板来赚钱。不少缺乏认知的人会认为有钱人就是自己当老板的人，穷人就是给别人打工的人。

很多人认为“老板”这个称谓是超具含金量的。也就是说，在很多人的观念里，只要是能当老板的人，一定是有钱人。可在现实中，每个月扣除员工的工资，根本剩不下什么钱的老板不计其数。

那么，到底做什么最赚钱？

我们会在各种报纸杂志、电视网络，还有一些投资讲座上看见写着“创业商机”的标语。每一个找不到路子又想快速发财的人，都会被“创业商机”这样的字眼所深深吸引，会认为别人嘴巴里的商机可以立马让自己看见黎明的曙光。

在一些电视剧里面经常会有这样的情节：在一个高端的酒会上，一群上流社会的男女个个衣冠楚楚，端着红酒杯三五个人一撮，谈论着所谓的商机。看到这，你会有一丝冲动吗？你想听听他们在讲些什么吗？

在一些人的潜意识里，只有上流社会的人才知道商机，只要能听上他们说几句忠告，就能赚到大钱。

为什么很多人认为自己看不到商机，而只有从别人嘴里才能得知呢？

别人嘴里说出来的商机，是真的商机吗？

难道一个商机对谁都是有效的吗？

商机到底在哪里？

2006 年年底到 2007 年年初，中国股票史上经历了一波牛市，在那个阶段，一个人闭着眼睛选一只股也能赚一点，算是让买股票的人都尝到了甜头，似乎都认为自己发现了大商机，到处宣扬买股票这个商机。就像著名主持人周立波老师说的那样：“那时候，走在大街上的人，个个都以为自己是股神、股王，连洗脚店的妹子都一边搓着脚，一边对客人说自己有‘消息’。”

那时，我还在国外，国内的朋友打电话给我，让我买股票，说是一定可以赚钱。我没有买，因为我当时身上连吃饭钱都快没有了。当时我想，即使有钱，我也不会买，因为我知道这个世界没有永恒的走高旋律，高潮过后必然会滑向低潮。

在我的潜意识里，**让所有人跟风的事，到底又能有多好呢？**

事实证明，对于当时头脑还很稚嫩的我来说，我的想法是对的。没多久，整个股票市场就开始了熊市当道的日子，不少人将全部身家换成了股票，最后亏得一干二净，少数心理承受能力差的股民甚至因此结束了自己的生命。

紧接着，2008 年出现了世界金融危机，中国拿出四万亿救市。当时，银行加大了信用贷款的额度。贷款总额比 2007 年提高了十万亿。而这些钱绝大多数流入了房地产市场，从而开始了各种投机性炒房。2008 年下半年，房价就开始以不可思议的速度暴涨。一线城市一两千块一平方米的房子被炒到一万甚至几万的程度。一股房地产热从一线城市开始往二线、三线城市蔓延开来。

那时，大部分人的潜意识里活跃着“商机就是炒房子”。于是，很多人开始转行做房地产。有钱的买地皮、建楼、卖楼……没什么钱的人也拿出所有身家买房子，只等房价涨起来再卖出去。

是的，确实有人逮住了时机，咸鱼翻身，一跃成为钻石王老五。

2009年，我从国外回国，房地产的热度有增无减，中国人仍然在不停地盖楼，仍然在不停地买楼。在这些人中，也有我的妈妈。她说必须要再买一套房子，等到房价涨了，再卖出去。我的亲戚、朋友也都愿意把所有资金投在房产上，好像不去炒房子，就会被人说没有经商头脑一样。

就这样，中国各个城市在短短几年时间里，盖满了密密麻麻的楼房，而一栋栋的楼盘很多都成了“摆设”。到2010年下半年，国家终于出台了国8条、限购令等政策，银行也开始限制对房地产企业的贷款，房价上涨的步子这才慢慢缓和下来。可很多人到今天依然没有意识到炒房时代也要过去了。现在，有很多人还在打房地产的算盘，坚持盖楼，也有很多人仍然坚持买楼，好像永远在期待新一轮的房价大涨。

2011年，我和几个公司股东一起出席在山东举办的一个会展。期间，我听见他们几个人在议论着上海一个新楼盘马上要开盘了，地段比较好，打算购入，而且不止买一套，要同时买几套。他们几个甚至商量着团购，说这样更优惠，等房价涨起来，再卖出去，可以从中大赚一把。

他们想拉着我一起炒楼，先不说我有没有这个资金在上海一次性买几套房，即使我要买，我也肯定是买来自己居住的。我当时笑着说了一句话惹得几个股东有点不开心，我说："三十年河东，三十年河西。倒卖房子的时代已经过去了。"

忠言逆耳，事实上，我是说对了。2011 年，那几个股东们合计着团购的上海楼盘，开盘时一平方米两万八千元，五年过去了，房价依然没有涨起来，甚至那个楼盘的几个买主将自己的房子放在二手房市场以一平方米两万七千元的价格出售。我在想："那几个股东此时此刻会是什么心情呢？"我之前曾看到过这样一个数据，截至 2016 年，中国人口十三亿，但在中国国土上盖的房子足足可以供四十亿人居住。这是什么概念？你还认为炒房子是当下的商机吗？

网上购物，虽然产生于二十世纪，但在中国真正兴起是 2007 年前后。那时，人们渐渐不再频繁地出入各种实体店购买东西，渐渐把目光投向了互联网。网购平台，最有代表性的当属淘宝。刚开始，淘宝网在各个方面还不够完善，所以无论是买还是卖，都没有太多的限制条件。

我还记得，刚开始，在淘宝上开店是免费的。

我为了赚生活费，曾在淘宝上面当过卖家。当时，我人在国外，年纪又小，对于如何在网上做生意真的是一窍不通，也不懂得利用自己的优势做国外代购，只想着避免自己进货，这样可以免去积货的风险。于是，我就把当时一个皇冠卖家的店铺原封不动地给“抄袭”了下来。这样的话，我就不需要有库存，有人买东西的话，我就直接联系那个店铺的卖家，我跟那个卖家之间订了一个协议价，我可以从中赚取一点差价。

我不知道2007年在淘宝做生意的人是不是都赚钱了，只知道那时淘宝卖家没有现在这么多，竞争相对来说也没有那么激烈，但凡我知道的人，都赚钱了。

那会儿，我也就做了不到一个月的时间，就赚了三千多块钱。因为要天天对着电脑，我觉得太伤眼睛了，结果坚持不到两个月就放弃了。

我在想，如果我坚持了下来，累积到现在，应该也算是一个大卖家了吧。

我现在再去翻看我当时合作的那个卖家，她店铺的粉丝已经累积到一百多万，年收入也早已经过百万了。

现在越来越多的人不再愿意投资实体店，而进驻网店，即使投资了实体店，也是实体和网上同步经营。各种给人制造便利的交易方式层出不穷，也让每个人变得越来越懒了。所以，对于大多数人来说，特别是年轻人，能在网上买到的，就不想去实体店买。

还有最重要的一点是，从网上买比较省钱。

随着网络交易量的日增，不断涌出新的网上购物商城，而老牌购物网也开始实施收费政策。于是，越来越多的人发现，在网上投资一点也不比在实体店投资省钱，光打广告的费用，每天都要花费成千上万。我听一个开网店的朋友讲，她每年在购物网做广告的费用都有一百多万。

现在打广告了竟然也没有以前不用打广告的时候赚钱，因为卖家太多了，竞争太激烈了，一年比一年难做。

听了她的说法，我内心产生了一个疑问：难到网上交易的时代也快结束了吗？

随着网上购物的快速兴起，带动了一大批行业的发展。最具代表性的就是快递行业。我们耳熟能详的几家快递公司：顺丰、申通、圆通、中通，再到一些不常听说的快递公司：全峰、全一、大亿，等等。同网上购物商城一样，一直有一些新的快递公司不断出现在人们的视野中。

我有一个表姐夫就是做快递的，他在公司里面主要负责取件和送件。我听表姐夫说，现在做快递最赚钱，如果要投资，一定要投资快递公司，这是当下的商机。

电子商务没有结束，近期也不可能结束，但是与电子商务相关的商机已经悄然发生了变化，比如，由原来开淘宝店，变为开物流公司。

当下，卖什么东西最赚钱?

我们拿电子产品举例。人们在购买电脑和手机的时候，会不自觉地想到“苹果”这个品牌。无论是苹果电脑还是苹果手机，价格比国内其他电子产品都要高出许多。但走在街上，我们会发现，总能看见有人拿着苹果手机；我们去咖啡店或者书店，会看见很多人使用苹果电脑。现在，iPad也逐渐走入各个家庭，成为小孩子们看动画片或者玩电子游戏必备的工具。然后我们又发现，满大街都是卖苹果手机的，满网站都是搞苹果手机代购的，专门为苹果手机服务的那些小商家也不断生产着苹果手机屏保和手机外壳，好像在这些卖电子产品的商家中，如果不涉及苹果产品就赚不到钱一样。

我再说说吃的。

自从我的口味变清淡后，我就比较爱吃福建菜。在福建以外的地方，你想吃到福建小吃，那你就去沙县小吃。我住的小区附近就有一家沙县小吃。平时，我若实在不想做饭了，就去这家沙县小吃店。如果在饭点去吃，往往是没有座位的，可见生意还是比较好的。有时候，我出差在外，一旦想不到该吃什么时，我就会格外留意附近是否有沙县小吃。然后，我也会不自觉地去对比，对比每家沙县小吃的味道是否有什么不一样的。

有一次，我去图书城。我发现附近有一家沙县小吃的生意特别好，我便特意排队去试吃了一下。这家做的饭菜味道和其他地方的沙县小吃比起来，似乎也没什么不同。过了一个月，我又去图书城，我突然发现在附近又多了两家沙县小吃店。原先的那家，没有人在排队吃饭。于是，我就问店老板："附近这两家是你们的分店吗？"

"不是，他们是看我们生意好，专门跑到附近开的。"

"加盟店不是都有区域保护吗？怎么可以允许一个地方开三家加盟店呢？"

"他们两家是假冒的，你去吃一次就知道了。我们是加盟店，价格都是统一的，进货也很正规。他们是偷学来的，价格自己随便定，同样的东西，总是比我们这边便宜一两块，于是有好多人都跑他们那边吃饭，真是气死人了，这是典型的跑到我们门口抢生意。"

毫无疑问，中国人的模仿（山寨）能力超强。有一次，我看见一家叫麦肯基的快餐店，一看就知道是肯德基和麦当劳两个牌子的组合。当时我就笑了。我还知道台湾有个比较出名的奶茶店叫“贡茶”，因为这个品牌的奶茶在国内热卖，于是一家接着一家开，后来从朋友那里得知，很多“贡茶”店不是加盟店，她让我仔细看杯子上面的商标。我发现，确实不太一样，这样做的好处是：

①不需要交加盟费；

②糊弄了一批台湾“贡茶”的粉丝；

③虽然也是叫“贡茶”，但是从法律上讲也不算侵权。

当你发现了所谓的“商机”，就难免会有人去争抢。挣钱的项目大家都想着分一勺羹，可一旦恶性循环下来，所谓的“商机”也就不再是真正的商机了，因为根本不能靠这样的“商机”赚到所谓的大钱，最后不亏本就已经谢天谢地了。

我们知道，全世界人都在推崇犹太人的赚钱头脑，以及他们赚钱的方式。其中，有一个很经典的关于赚钱的段子，讲的是犹太人和中国人赚钱思路的区别：一个犹太人开加油站赚了钱，第二个犹太人在加油站边开了饭店，第三个犹太人开超市；中国人不是这样，若一个中国人发现第一个开加油站的挣到了钱，第二个中国人马上去开加油站，第三个中国人也开加油站，最后一起死掉了。

用这个段子来讽刺中国人做生意爱跟风和缺乏创新精神，我不完全赞成。众所周知，中国的人口占全球的五分之一，虽说我们领土辽阔，但依然只是发展中国家，一线城市目前还只有那么几个，人们一窝蜂地想挤进某个“商机”中去分一勺美羹，太正常了。

很多人认为，在一个行业能胜出的人多多少少靠的是自身的财力。殊不知，在同一个行业中，如果产品质量和售后服务都在同一起跑线的情况下，最后能赢的人都是坚持不断创新的人。谁要是率先实现了创新，剩下的同行多半就只能跟风了。试问：苹果公司若不依靠与时俱进、不断创新，能稳稳地站在市场最高端吗？

“三百六十行，行行出状元。”这句话我们都听过，但真正懂的没几个。你若真能读懂这句话，就会发现，当下根本没有所谓的某个或者某几个行业能保证人们一定可以赚大钱。也就是说，这个世界上根本没有放在人们眼前的商机。再冷门的行业，也有把它经营得很好的人，再热门的行业，也有亏得底掉的人。

古今中外，谁能做得好，对谁来说就是商机。

你认为的商机，在别人那里不一定有效。这就好比你寻找减肥的方法，有些人认为只要严格按照热量表来吃就能瘦；有些人则认为不管吃什么，每顿饭吃七分饱就能瘦；有些人则认为只要身体锻炼跟上，吃再多也会瘦。

归根结底，每个人拥有的信念是不一样的，只有按照自己的真正相信的方法操作，才能慢慢接近自己预期的结果。

请你不要再说："我先考察一下市场，看看商机在哪？"当你在说这句话的时候，就注定了你是一个跟风的人了。也许，将来的你不会太失败，但肯定不会很成功。你应该问自己的内心："我热爱什么？""我真正擅长什么？""在我擅长的领域里，哪种方式方法才是有效的？"

"擅长"这个词，特别重要。在这个世界上，大多数人都做着自己不太擅长的工作。

为什么？

因为太多人不够了解自己。在找工作或者创业的时候，很多人就只是单纯地看一眼广告纸上写的每个月能挣多少钱，还有就是自己应聘的这个岗位说出去够不够有面子。你怀着这样的心态，怎么可能成为有钱人呢？

我有一个做装修的朋友，小丰。他做的水电和木工都是精装修的那种标准。可在他的潜意识里，认为做管理的永远比做技术的更有可能成为有钱人。所以，他一直都在做现场监工的工作，因为这样可以监管每个干技术活的师傅，自然也就成了一种管理者。可事实上，小丰一点也不擅长管理。

管理者需要懂点心理学，这样在管理别人时，可以及时捕捉对方的心理活动，把话说到对方心里去，让对方安心在自己手下工作。

小丰属于心特别善、性子特别直的人，没有什么心机，通常想到什么就直接说出来，经常搞得他下面的人不开心，往往在出现问题时沟通不畅，导致问题无法顺利解决。

他这样的人，并不太适合做管理者。虽然小丰做着管理层的事，每天也兢兢业业的，但就是拿不到很高的薪资。后来，我帮小丰指出了问题，我让小丰重新审视自己，看看自己究竟擅长做什么。

在小丰的潜意识里，工地干活的都是下等人或穷人。我告诉他，职业不分贵贱，能创造属于自己的品牌和口碑，走到哪里都不会让人小瞧，而他的品牌就是扎实的技术。

没过多久，小丰又做回了水电工和木工。他现在创造的价值是以前的几倍，月收入也在不断增加。

相信自己的力量

“若心中有佛，佛就会时刻伴随左右。”

这句话，我常常这么去理解：只要你足够相信那些时刻活跃在自己心里的正面信念，总会有机会实现你想实现的。这个信念可以是佛，也可以是你成为有钱人的想法。

某一个初夏，一个个头不高的五岁小女孩，瞪着一对水灵的眸子，目不转睛地隔着落地玻璃看着店铺里五颜六色的棒棒糖，小嘴吮吸着自己的半截食指，好像是在吮吸店铺里的棒棒糖。小女孩在心里面对自己说：“长大后，我一定要买很多棒棒糖，一天一个口味换着吃。”

以后，她每次路过那家店铺，都会站在边上许久不愿意离开。

十五岁那年，那个长大了的女孩又看见一个橱窗里展示着一件很漂亮的裙子，走近一看吊牌，定价八百多块钱。女孩对自己说：

“以后，我一定要将它买下来穿在自己的身上。”

十九岁，在福州机场，女孩看见一个成熟女人从一辆红色的大众甲壳虫车里走下来。当时，女孩问自己：“过几年，我应该也可以开一辆甲壳虫吧？”

女孩的男友读出了女孩的心思，对女孩说：“别看了，这车不便宜，我们是肯定买不起的。”

女孩不服气地说：“我将来肯定可以买得起。”

就这样，女孩坚定自己的信念，一件一件地完成了当时许过的小心愿。也许，在很多有钱人看来，这些事微不足道，但恰恰是通过这样一次次地相信自己，一次次地完成愿望，让女孩在心中更加肯定：只要是自己心中所想，便能成真，对此毫不怀疑。这就好像很多人信佛，认为佛祖时刻在保佑自己一样，靠的都是信念或信仰。

是的，我就是这个女孩。

有一次，我爸载着我去4S店做汽车保养。期间，我跟爸爸逛了旁边的宝马4S店，我爸在展厅里面的一辆宝马X5旁边踟蹰了好久。里面的销售人员随口咨询我们是否愿意试驾一下。我爸对我说："还是别试驾了，这么贵的车，又买不起。"当时，我也是默认，因为我也没有想过买这么贵的车。

后来，我会不自觉地留意马路上的宝马 X5，还会透过车窗看一眼驾驶它的人。不经意间，那竟成了我的一种习惯。我突然意识到，现在和我五岁那年看店铺里的糖果不正是一样的心情吗？

为什么当时相信自己以后可以拥有糖果，现在却不相信自己可以拥有一辆 X5 呢？

我发现自己犯了一个很大的错误，那就是我爸的不自信影响到了我。后来我终于明白了，重要的不是橱窗后面我想拥有的东西，而是相信自己一定可以拥有的那种信念。

人们往往喜欢通过购买来证明自己的能力，这并不仅仅是想炫耀给谁看。我相信很多人都有这么一种感觉：当自己好不容易购买到了一样心仪的东西，快乐的感觉只是很短暂地停留了一会便溜走了。相反，在没有得到该东西之前，期待感和快乐感会更浓烈、更长久。

现在，当我遇到自己喜欢的东西时，我会对自己说："用不了多久，我就可以赚大钱把它买下来。"

有时，我带着我妈逛商场，她看见很名贵的店铺甚至都不会靠近。我知道她是很想走进去看看的，甚至想亲自买点什么。我总是拉着我妈进去，鼓励她大胆地试，我来出钱，却总是被她顽强拒绝。她总是说："等你年薪过百万的时候，再给我买。"

我妈从小到大没有铺张浪费过，在她心里面，穿名牌是太奢侈的一件事了，完全是在浪费。这么多年下来，在我妈的潜意识里，在她活跃的信仰里，她是认为自己配不上这些名牌的，因为她自己不是一个可以赚大钱的人。

很早以前，我和我妈一样，一看见这种奢侈品店铺也会站得远远的。而现在的我，若看见橱窗里的新款衣服是我喜欢的，我就会昂首挺胸地走进去试试，或者买下来。因为我清楚地知道，一旦我怀疑自己，我的潜意识中就会活跃着"我穿不起"这样的念头，"我要做个有钱人"这样的念头就会被压抑住，我的潜意识就不会迸发出让我变得有钱的能量。

如果橱窗里的东西，你也很喜欢，你也很想要得到，你是否在心里面会质疑自己的购买力，或者质疑自己的赚钱能力呢?

当你无数次压抑住自己的欲望，将会让类似"我一定要做个有钱人"这样的信念浅浅地停留在表意识里，你的潜意识也根本没有办法彻底接收。毫无疑问，长此以往，你是不可能成为有钱人的。

为了成为有钱人，你需要具备什么样的信念？

我们可以从信仰这个点说起。无论是在国内外的教堂里，还是寺庙里，我们总能看见中国人出出进进的身影。可是，为什么很多人都说中国人缺少信仰呢？

真正的信仰，不是挑个黄道吉日挤进一个烟熏火燎的地方狂捐一大笔钱，或狂磕几个响头以示虔诚。真正的信仰，是无论在何时何地，你都心系自己所信奉的神灵，无论在何时何地，你都会注意自己的一言一行，因为你会觉得自己心中的神灵能够看见你，你不能做违背信仰的事，否则你就会诸事不顺，命运多舛。信仰让你不吃荤，你就绝对不沾荤；信仰让你不害人，你就绝对不行恶。每天，你都会用真诚在心中供奉信仰，向信仰忏悔，向它许愿，向它诉说感谢的话语……

很多中国人没有信仰，是因为总是带着某种目的去敬奉信仰。那些手持香火，对着佛祖跪地磕头的人们，心里面想的都是“希望佛祖保佑我老婆生个儿子”“希望佛祖保佑我今年财源滚滚”“希望佛祖保佑我家人不再遭受病痛折磨，早日康复”……而且还要专门挑个日子，专门挑个地点去祷告。

在国外，那些入教的人，无时无刻不在敬奉自己的信仰，我听到的更多的是“感谢我的主，感谢上帝”“请原谅我的罪行”“我能感受到您在我身边”……很少听到他们说“我的主，请让我发财吧”“请让我变得越来越好吧”……

有一次，我和我妈一起去武当山。

下山的时候，几个男人走在我们前面。其中一个五十岁左右的男人，膀大腰圆，脖上挂着一串金项链，手夹钱包，跟身边的几个人说：“刚才我为财神爷送了八百块钱，财神爷一定要保佑我今年打麻将不能再像去年那样背啊，一定要让我赢钱才能对得起我的八百块钱啊！”

我当时特别想冲上去告诉他：“大叔，你以为烧香是商业投资吗？”像他这样的人，根本就没有什么信仰，是在信仰的世界里凑热闹的人。

爱去寺院许愿的人，基本都是穷人，或者是不怎么有钱的人。这些人大都是为了发财而进寺庙烧香，然后还觉得自己是一个有信仰的人。最后，佛祖并没有把他们变成有钱人。

真正有信仰的人，会在自己家里进行供奉，而且每天供奉，只是偶尔会去寺庙或者教堂，而对于真正的有钱人来说，他们会捐钱给寺院或教堂，但是嘴里却不会念念有词求回报。

真正有信仰的人，会非常尊敬自己心中的信仰，他们更多是想着回报自己心中的信仰，而不是一味地诉说自己的愿望，试图从信仰里直接索取回报。

对于很多不了解潜意识原理的朋友来说，诚心加入一个宗教，确实可以帮助自己向潜意识里传递好的信念，以实现心想事成。

美国有一个心理学家，曾试图把潜意识也列为一种宗教。也就是说，我们每个人都有属于自己的宗教。因此，我们不必计较宗教的类别，只需在意所信仰的内容。

我们每个人都需要信仰，一种相信自己特别有能力的信仰，也可以说是信念。至于你的能力可以具体强到哪一步，这也不是他人可以决定的，完全是由你自己决定。

那么，有钱人的共同信念是什么？

“无论何时何地，无论发生什么情况，我都坚信自己是或者即将成为一个有钱人，且毫不怀疑。”这就是有钱人的共同信念。这就好像我每次看见橱窗里的东西，我都会想“我买得起”，这就是我的信念。同样的，很多人看见橱窗里的东西，会在心里面对自己说“我买不起”，这也是一种信念。

潜意识其实就是由各种信念构成的，各种相关的稳定的信念会形成惯性思维。所以，一个人的惯性思维其实也就是一种信念。

这个世界永远没有完全的错与对，与其把时间花在改变自己原有的信仰上面，不如坚持自己原有的信仰，保持自己认为对自己好的行为习惯和信念。

关于赚钱，首先需要保持好的信念，不断给自己打气，让自己相信自己就是一个有钱人，再去扮演一个有钱人，做有钱人做的事，然后自然而然就会成为一个真正的有钱人。

表面免费，实则赚钱

我要写东西时，特别爱去星巴克。即使我不买他们的产品，也可以在他们的店里找个位置坐下来，插上电源，打开电脑。

这时，有些暖心的服务员会给我端上一杯温水和一份免费品尝的糕点。

众所周知，星巴克的饮品定价比市场上同类产品都要高。星巴克的消费人群主要对准的是上班族，但是在星巴克的顾客群里，学生也不少。

我发现，很多学生会在星巴克里上网络视频课，还有一些会整理课间笔记。在星巴克，只要不自带食物进去，或者干扰到其他顾客，每个人都有权利在里面找个位置坐下来做自己的事情。

国内大部分咖啡店是什么情况呢？我刚走到门口，甚至人还没有进去，就能听到一句：“您好，请到服务台点单。”或者，我刚找了个座位坐下来，服务员便拿着点餐单快速走到我面前，面带微笑："您好，请问您喝点（吃点）什么？"好像生怕我来了这里一分钱不花就会走掉一样。

"帅哥（靓妹），你不用这么急着为自己的老板赚钱吧。"有时，真想回对方这么一句。

这种情况，机场最常见了。只要我在某一家的门面里坐了下来，马上就会有人过来督促消费。桌子上会有个牌子提醒我：不消费禁止入座！

有一次在机场，我拉着行李往登机口走，走到一家餐厅门口时，我接了一个电话，便顺手把包放在了那家餐厅外面的桌椅上。等我打完电话后，一位工作人员拿着点餐的单子往那张桌子上一放，问我想吃什么。

我来机场前已经吃过了，哪还会想吃什么呢？

在中国，这种催单和强迫性消费随处可见。很多人没注意到的是，往往如此做生意的商家，生意做得都很不好；如此做生意的店面里总是会空着一大片的座位。如此做生意的老板，催生出如此做生意的员工，在如此做生意的老板和员工心里面，他们只考虑自己的利益，只考虑自己能赚多少钱，而不是想着为顾客带来了什么服务和体验。你留不住客人的心，自然就保不住你的店。

在中国，肯德基和麦当劳的生意为什么这么火爆，先不说他们做的东西是不是就真的那么好吃。至少我口渴了，可以走进去让他们倒杯水给我；我内急了，可以进他们的卫生间行个方便，还有免费的纸巾提供；我逛商场累了，可以进去坐下来歇一会儿；遇上下雨天了，我可以坐在里面躲一下。店里面有免费的 Wi-Fi，有免费的儿童游乐场……和星巴克一样，他们更看中人气。有些人在路边摆个小摊，会找一群人当托，制造人气。相比之下，这种“不请自来”的人气不是更好吗？

人气对于一个店铺来说相当重要，即使每个走进店铺的人不是来买东西的，但是会给从外面路过的人造成一种错觉：这家店人气这么旺，这么多人在里面，东西肯定很好。于是，人们便会走进去看一看，尝一尝。这就是用人气带动更多人气。

很多有远见的老板会对自己的员工说：“能走进我们店里的人都是贵宾，无论他们消费与否，对我们店铺来说就是一种肯定，他们进来了就是在为我们打广告。”

一些商家提供免费的休息场所和娱乐设施，还有一些商家在自己的产品使用上也尝试先免费后收费的做法。

特别是对于一个新兴的产业或商家来说，若是一上来就向人直接兜售自己的产品，就会显得异常困难。

在这个世界上，除了特别富有的人，没有人不爱捡便宜。对于所有爱钱如命的人来说，让他们自己掏腰包是很难的。当然，也不是完全没有办法，对待这样的人需要先占据他们的心。

在一段时期内推出免费的产品供人们使用，是非常有头脑的做法。例如，起初在淘宝网开店是没有任何费用的，累积了一定的卖家后，淘宝网才开始收取“管理费”。还有一些视频网站，例如爱奇艺，一开始也是不需要收费的。包括微信支付，也是到后来才开始收取提现手续费的。虽然他们这些商家或平台在后来收费时也许会流走一部分客户，但相对于留下来的客户，损失的那部分已经不算什么了。

当一个人习惯了用某种网络或手机软件后，往往不会因为商家收费而不再使用。

在很多人的潜意识里会认为网络世界里的都是虚拟产品，不像实物产品那样需要成本。很多人在购买虚拟产品时显得没有那么痛快，甚至有排斥情绪，认为商家白白赚了自己很多钱。

试问：哪个开发软件的人不需要团队？

只要是有团队的地方，就需要大量的资金。再说了，动脑子不是成本吗？脑力透支并不比体力透支轻松，很多人为了开发一个软件，早早白了头发，或者严重影响了自己的健康，失眠更是家常便饭。这些不需要成本吗？

推出免费产品，主要是为了在这个竞争激烈的市场中，为自己的新产品累积人气，同时对自己的产品有个预评估。

这个世界上永远没有一个产品的问世可以让所有人都满意，即使是免费的东西，也会有人给差评，商家会靠理性地分析各种差评来进一步完善自己的产品。

讲到实体店，我不得不提 2010 年在澳洲见到的一家奶茶店。

奶茶店的老板是一个很年轻的小伙子，生意特别好，每天都可以看见门口排着长龙。在澳洲这么个地广人稀的地方，排队上门买东西，是一种很罕见的景象。出于好奇，我也就过去排队了，我想感受一下是不是真的有这么好喝。我看见抬头上面写了三种奶茶的味道：巧克力，香草和草莓，但是没看见价格。

“我要一杯巧克力奶茶。”

“您的奶茶已经做好了，欢迎下次光临。”老板把奶茶递给我，微笑着对我说。

“多少钱一杯？”我问。

“免费。”老板说。

“免费？这么好啊。什么时候开始的？什么时候结束？”我很惊讶地问。

“开始已经有半年了，什么时候结束还没有确定下来。”

我怕问得太多会耽误后面排队的人，便拿着奶茶说了声“谢谢”就走开了。我有点怀疑，免费的东西会好喝吗？我尝了一口，感觉非常丝滑，味道超级赞。下次我再来这家，肯定不好意思再免费喝了，我不知道别人会不会也有同样的感觉。

第二天，我又来到这家奶茶店。

这次是另外一个华人小伙子在做奶茶。

“我要一杯草莓奶茶，谢谢。”

“你的奶茶已经做好了，欢迎下次光临。”小伙子一边递给我奶茶，一边微笑着对我说。

“这样一杯应该卖多少钱？”

“免费的。”

“我知道，可我还是想给钱。”我坚定地说。

“那边有个小箱子，若有客人执意要给的话，可以把钱放在那个小箱子里。”小伙子指着不远处的一处箱子说。

“好的，谢谢了。”

我走到箱子前，看见箱子上面有个拳头大小的洞。隐隐约约看见里面已经装满了金额大小不一的澳币。

我尝了一下奶茶的味道，很浓郁，很香甜。

我随手塞了几块钱就离开了。

回到学生宿舍后，我跟室友讲起了那家店。原来，室友早就知道了那家店。

室友：“那家店差不多开了有一年时间了，奶茶做得没话说，但生意一直不温不火的，可能是新店的缘故吧。半年后，突然就开始免费了！”

我：“那他们岂不是亏死了，每天送出去那么多杯。”

室友：“你想想，有几个人会天天去免费喝啊。就像你一样，免费喝一次，你都不好意思了。他们现在的生意比之前好多了。老客户都会很自觉地给钱，因为想着别人做生意也不容易，新客户免费品尝，感觉好喝了，下次回去就成老客户了。”

我：“是喔！今天，我看见那箱子都快被钱装满了，这家老板也太有智慧了吧！肯定是研究过我们老祖宗的东西。”

室友：“我们老祖宗的什么东西啊？”

我：“《道德经》啊。”

室友：“这关《道德经》什么事啊？”

我：“《道德经》上说‘将欲夺之，必固与之’。”

这种免费赠送的例子，在国内我也见到过。

有一段时间，在湖北襄阳的一家菜市场旁边，每天我都能看见一个卖包子的老爷爷，六十岁上下的样子。

他的包子铺旁边挂着“纯手工包，免费送吃”八个大字。

他家的包子确实是免费送，但每人每天只能领取一个，若谁想多要，就需要给钱了。在我的记忆中，每天都有很多人免费去那边吃包子，大多数人是吃两个包子只付一个包子的钱，或者买三个包子付两个包子的钱……总之，包子铺的人气很旺，每天五百个包子都能售空，其实算下来，老爷爷也没有亏，一个包子很难吃饱，很少有人去那边只为吃个免费包子。

包子铺旁边是一家豆浆店，但是豆浆价格比别的地方卖得贵。但很多人买了包子之后，还是会顺便在旁边买豆浆喝。

后来才知道，那家豆浆店是老爷子的女儿开的，生意非常好。

有一次，我在那边领了一个包子。说实话，吃了以后，我感觉味道不怎么样，但我还是给了钱，因为一想到要占一个老人的便宜，心里就特别过意不去。

重要的是，我很欣赏老爷爷这么大年纪了还能坚持这番经营之道。

在云南的一个闹市区，我也见过采用类似经营方法的饮品店。

每个人入店之后，只需要填写一张会员表，领取一张会员卡，就可以在此店免费喝任意饮品，为期一个月，每天只限一次。

这家饮品店，生意好极了。店里的饮品很好喝，环境也特别好。后来听说，这家店的老板已经靠这家店在当地买了两套别墅。

今天，在网络上出现了各种“网红”。

当你在羡慕“网红”吸金时，你有没有想过这些人背后所付出的辛酸？

就拿“美拍”上的各个达人来说，他们在一开始往往也是不太受人关注的。为了吸引人们观看自己拍摄的视频，他们会有针对性地去拍一些可以满足人们需求的视频。比如，拍搞笑的视频，可以帮助人们解压；拍学术类的视频，可以满足人们学习的需求；拍传授技能的视频，例如穿衣搭配、彩妆教程、保养护肤、美食创作等，可以丰富人们的生活。

在拍摄这些视频时，他们一开始并不是抱着一种“我要成为‘网红’，我要靠此赚钱”的念头去拍的，只是想到能拍一些对人们有帮助的视频出来，或者只是为了满足自己拍摄的兴趣爱好。当他们拍摄的视频满足了大众需要时，自然而然地累积起人气，成为“美拍达人”。当他们积累到一定粉丝量的时候，自然而然地就会有商家找到他们，借他们的人气推销产品。这时，才有了所谓的回报。

如果他们一上来就想着拍东西赚钱，例如每个看他们拍的视频的人都需要交钱，或者为了钱去拍一些没什么需求和价值的视频，他们是不可能成为“网红”的。

对于他们来说，也是先提供免费产品，之后才慢慢有了金钱的回报。

我认识一个资深育儿师吴老师，她在北京一家育儿培训机构工作有三年时间了。

有一次，我去那个机构找她，得知她已经辞职了。

两年后，我的孩子出生了。我又想到了吴老师，我想找她咨询一些育儿的知识。后来，我好不容易联系到了吴老师。

那时，她已经在微信上做起了微课服务。

吴老师家住天津，今年新买了别墅和豪车，她现在整个人的打扮跟以前相比，判若两人。

她告诉我，从她辞职到现在，有两三年的时间，自己已经服务了近五十万名学生，月收入超过十万，是她以前工资的十多倍。

现在，她每天都要在微信上至少讲五堂课。

做自己喜欢的事，并发展成自己的事业，吴老师一直忙得不亦乐乎。吴老师说，尽管创业初期很艰难，但她并没有想着立马在钱上见到回报。

她在微信上以及各种网络渠道推广自己的课程，总是强调“学费全免”，靠此吸引了数万人来学习。

前半年，她坚持在微信上以及在天津的工作室里免费授课，让很多人受益良多。

半年后，她才开始收取学费。

此时，她已经牢牢抓住了每个学员的心，她的钱包越来越鼓。

当一个商家想拼命从我们身上榨取利润的时候，我们也会拼命想办法不让他们得取任何利益。也许有时，这些商家根本没有取得任何利润，我们仍然会认为他们赚了我们很多钱。而当一个商家像慈善家一样一直不断给予社会时，当我们尝到了各种“免费午餐”时，我们良心上又会不安，又会想着让对方多赚点钱。

所以，一些看似免费的商业行为，其实变向是一种有效赚钱的方式。

你不能只顾眼前的回报，不能只顾自身的利益。人心都是肉长的，你的不断付出与给予，只会不断感化别人。

同样的道理，在一个企业中，当老板的若没有这种“无私精神”，下属们的心就很难齐聚到一起，就会成为一盘散沙。

我有个亲戚在一家装修公司上班，他告诉我，在这个公司上班的人平均不会超过两个月就会跳槽。他说他老板接到了一个装修的单子，就会把大部分的利润先装进自己的口袋，只留下很小部分的利润给其他员工。他让员工想办法从这些剩下的钱里面争取属于自己的那份。从设计师到工头，每个人的收入都少得可怜。

在国内，每到年底，经常有报道某家公司的员工集体堵住公司大门讨工资。该公司的老板会让自己的秘书或者相关负责人露面带一句话：“今年效益不行，放出去的货款很多没有到位，所以工资发不下来，请各位谅解。”就靠这样一句话，便打发了所有等着拿到钱回家过年的人。而老板自己的腰包却鼓鼓的，每天大吃大喝，花钱如流水。这样的老板，这样的企业，很难有什么发展前景。

我有个朋友开了家饭店，也管理着一群人，他就是个非常无私的人。他是宁愿自己吃亏，也要让手下面的每个人得到自己应得的。

他请的烧菜师傅手艺特别好，加上管理有序，饭店的生意一直不错。

有一次他接到通知，饭店旁边需要进行长达一年的修路工程，导致这一年的生意都非常惨淡。随着每个月不断亏损，很多员工都开始准备跳槽。这时，他拿出更多的钱分给他们，每个人每个月的工资并没有少一分，而且还多了。他让他们放心在饭店待下去，一起渡过难关。结果没有一个人离开，每个人都干劲十足。后来，路修好了，饭店生意又恢复了以前的火爆程度，每个人更死心塌地跟着他。

《道德经》上说的“无私为大私”，从赚钱的角度说，你不以一颗只为自己赚钱的心面对这个世界，才可以赚大钱。

产品需要灵魂

还在澳洲留学时，我在课外时间跟一个叫 Lisa 的设计师一起做室内设计，她是一个台湾人。

当时，我的水平只够得上当她的助理。跟了她一段时间之后，我感觉自己纯粹就是一个小跟班，她要求怎么画图，我就必须怎么画，不得随便加入自己的想法。

Lisa 给我的感觉就是太专断，我的内心深处对她也有诸多不满。可是为了赚生活费，我只能忍气吞声。

我清楚记得，有一个客户找到我们做装修效果图，并且滔滔不绝地说了很多装修的想法，希望设计师可以按照他说的想法去设计效果图。

Lisa 以一种很强硬的态度对客户说："你既然找到我们公司，找到我做设计，就需要足够相信我们的专业水平，毕竟我们是有经验的。实话实说，若按照你的想法去设计，你的房子根本装修不出好的效果。在我们这里，你只需要说明你想要的风格就好了，其余交给我们做就可以了。若你觉得还有什么不妥的，可以找别家公司设计，我们不可能盲目地顺着你的意思去做设计，从而破坏了我们自己的口碑。”

那个客户听了以后，大发雷霆，认为自己没有得到尊重，最终扬长而去。

我有点幸灾乐祸，希望老板因此可以教训一下 Lisa，好好灭灭她的威风。不料，老板得知情况后，夸 Lisa 做得好，还特别强调公司要做大做强，必须坚持原则，必须保证每一个作品都是精品。

回国之前，Lisa 邀请我去她家里做客，那是我跟了她之后第一次去她家。

Lisa 的家里有一个专门用于她工作的房间，里面挂满了她自己设计的作品。Lisa 从事这一行已经有二十年了，属于老前辈了，在业内也有一定的名气。

我在无意间发现，Lisa 书柜里摆满了很多未开封的纸巾盒。

我问 Lisa：“你怎么买那么多纸巾，是打折做活动时买的吗？”

Lisa：“擦眼泪用的。”

我：“擦眼泪？”

Lisa：“对啊，我每一次想图纸方案的时候，都会被自己想出来的方案感动到落泪。所以特别买来擦眼泪用。”

我惊讶地看着她，半天没有回过神来。

她看着我的表情，一下子笑出了声：“我是在开玩笑的了！你没发现那纸巾盒上面的包装图案很美吗？每个图案都不一样，所以我就一下子就买了很多盒。”

我摸着胸口，舒了一口气：“吓我一跳！”

Lisa：“不过，我没有完全跟你开玩笑，我做设计的原则就是把客户的家当成自己的家，我首先要先温暖到我自己，才有可能感动到客户。所以我不太爱听取别人给我建议，因为那样只会让我自己没有办法专注，我比较偏爱质问自己的内心，因为作品好不好，我的内心可以通过感觉直接回应给我。我绝对不会做没有灵魂的设计，我深信，一个作品如果有太多人的意见夹在里面，就不可能有一个独立的灵魂，最多只是看上去很完整而已，从根本上却很难打动人。”

虽然我不怎么喜欢她强硬的个性，但她的作品确实让我无话可说。

Lisa 的这段话，让我一下子释怀了。我瞬间放下了以往对她的偏见，突然有些欣赏她了。

回国以后，我考察了几家装修公司，看见那些装修公司的墙壁上面都挂满了各家自己设计的作品。乍看上去，每幅都设计得很挺“高大上”，但总觉得缺点什么东西。当我回想起 Lisa 说过的话，我马上就知道他们的作品缺少灵魂的元素。

我在考察的时候，难免会碰上一些找上门要求做设计的客户，并听到他们之间的一些对话。我发现大部分设计师基本上都喜欢问客户想要怎样的设计，比如颜色打算如何搭配，希望设计几组柜子等，总之是一味地迎合客户的想法。

后来，我没有选择做室内设计，很大程度上是出于对国内的设计市场有些失望。在国内，多半情况下追求走量，很多设计师为了快速完成任务，把自己的一个设计图随便改一改，多次使用。

Lisa 做一个家装的设计图，最少要花半个月时间，而国内的很多设计师一个星期就可以上交好几个家装的设计图。看着那些走量的设计图，我在心里面的感觉就是“这个是一个效果图”，仅此而已，我不会向往自己也可以住进这样的房子里。

国内的设计师大部分收入都不高，我知道跟设计作品本身没有灵魂有很大关系。

再后来，机缘巧合，我做了一家电池厂的区域经理。我管理着一帮人，心情每天都特别差。

没过多久，一个在马来西亚认识的女孩“依恋”在 MSN 上留言说，她很想跟我见一面。当我得知她刚好也在上海，我很激动，也特别想跟她好好聊聊。

我清楚记得，她超级美，身材超级好，而她的强项是舞蹈。她告诉我她现在从事的正是舞蹈老师的职业。

我跟依恋见了面之后，发现她还是那么美，相比以前，更增添了几分成熟美。从她整个人的精神状态，我看得出她现在过得很好，再沮丧的人也能被她身上的一股正能量深深感染。那个礼拜天，依恋约着我去她的工作室玩。她打开她的电脑，播放了几个她自己编排的舞蹈作品，其中有一支是现代舞，是她帮当地一个很有名的舞蹈演员编排的，我看完后，泪流不止，担心依恋笑我泪浅，就赶紧解释："最近压力太大，所以泪点很低，你不要介意，舞蹈很感动人。"

依恋："其实很正常，很多观众看完这支舞都哭了，事实上这支舞也是我自己流着眼泪编出来的，每一个动作都是我内心的最深层的感情呈现，这支舞给我带来了不少的肯定，也赢得了我这辈子到目前为止最高的奖金。从这支舞之后，我开始用自己的灵魂编排舞蹈动作，而不是像之前那样，一味地展现自己的舞蹈功底和技术。"

依恋的故事，让我想起了大威。

因为业务需要，我跟我们公司的产品设计师大威特别了解了一下新产品的特点和维护方法。那时我才知道，为了赢得市场，大威在这个新产品上面足足消耗了三年时间，就是为了在相同充电的环境下，这款产品的放电时间更久，产品使用寿命更长，且更加环保，因为杜绝了有毒元素镉的加入。

它被推入市场的那一刻，大威整整哭了一天。大威说，这款产品的改造注入了他所有的精力，他把这款产品当成自己的孩子，看到它逐渐被这个市场认可，他感觉一切付出都值得。大威为自己的技术申请了专利后，被公司高价收买，"他的孩子"也给他带来了丰硕的果实。

思前想后，我终于知道了为什么面对同样的产品、同样是推销，我更愿意买 A 家而不愿意买 B 家。因为 A 家是用心来帮助每一个顾客。据此，我也明白了为什么一些老歌过了那么多年之后，即使原唱者早已逝去，当那些旋律和歌声再次在耳边响起的时候，仍然可以打动很多人。我相信谱曲的人是用灵魂在谱曲，而演唱的人也是用灵魂在演唱，所以才能走进听众内心的深处，且百听不厌。现在很多人为了市场而写歌，我听说某一个编曲人一个月编了几十首曲子，他还拍着胸口说："这么多首，我相信总有一首会被买走的。"我不知道被买走的那些歌能不能火，或者能火多久，但我们发现很多口水歌虽然火了一阵子，却很快就被人们遗忘了。就好像现在越来越多的歌手爱表现自己在歌唱上有超高的技巧，却少了感情的投入。一首歌听下来，除了让人觉得唱功确实很厉害，唱的什么内容却很难让听众记住。

以前看过一则新闻，周杰伦没有成名前，曾经拿着自己写的歌去唱片公司，希望唱片公司可以征用，但都被唱片公司给拒绝了。而周杰伦并没有因此放弃写自己灵魂深处的旋律，并且亲自演绎自己的每一首作品。事实证明，那些曾经打动他自己的歌，最后终于打动了无数人，也成就了他在歌坛上的地位。

所以，能够感动自己、有灵魂的产品才会有市场。

每次去谈业务之前，我会审问自己的内心，我会设想自己是一个客户，我到底如何做才能先感动到自己并且说服自己接受眼前的产品。我会像演戏一样，自己和自己对话，经常会对上很长的时间，说到让自己心服口服，然后再约客户见面。很显然，这样做是非常奏效的，且基本都会由此洽谈成功。出色的业绩让年纪轻轻的我顺利在公司站稳了脚跟。

后来，组织员工培训需要素材，我也不再像以前那样在网上找一些激励人心的话语，随便写写，敷衍了事。而是先审问自己的内心，我这样写出来，读给自己听，我会有什么样的感觉。如果我写出来的东西得不到自己内心的掌声，我就不会写出来。

当时，我管理着业务片区大大小小几十个人。我知道，每次发言的时候，我只有说到让自己热血沸腾，才有可能让我底下的人心潮澎湃。这件事再一次证明我是对的，因为每次培训以后，我底下的每个人都可以拿出十二分的激情在自己的工作岗位上出色地完成各种大大小小的任务。

我在写这本书时，也是永远只会参照自己的内心。若某一段话我自己读起来没有任何感觉，我就不会写出来。若某一个故事完全没有打动我，我就不会采用。我不会为了凑字数，写一些无关紧要的东西，去硬凑成一本书。

我也知道，现在很流行名人出书。出版社或者名人本人找人代写自传、人生感想，等等。然后，落上名人自己的名字。借着名人自身的名气出版一本书，看上去也是一本书，但我实在想不出这样的挂名书能写出什么有意义的东西来。

为什么现在走心的东西很难得了？

因为大部分人爱图快，喜欢追求眼前的利益。

我一直相信，有意义、有分量的东西是肯定可以经受得住时间的考验。无论是哪个领域的产品，只要是研发者在产品中注入了灵魂，随着时间的推移，这个产品就会越来越强大。

当我们听到“为社会做出贡献”这样的话时，可能会理解成捐一大笔钱或者献上自己宝贵的生命。其实不然，能给人们提供便利、提供帮助、提供支持的行为举止，就是在做贡献。

市面上的各种商品，实体商品或者虚拟商品，都是人类智慧的结晶，都是在不同程度地服务他人。为什么有一些商品可以累积几百年的历史，而有一些商品刚上市没几天就被迫下架了呢？因为有些商品是开发者用心铸就的，而有些商品则是开发者唯利是图的念头转化成的。没有灵魂的人，只是一副皮囊，没有灵魂的商品，只会昙花一现。

当我们一边在做某件事，一边在想着这能赚多少钱的时候，我们就注定了是失败者。只有把“生产出有灵魂的东西”装进自己的潜意识里，我们向市场推出的所有产品才会是有生命力的，才能真正地服务他人。当每一个消费者都能体会到我们的“心”的时候，我们才能变成生意场上的赢家。

创作和生产出有灵魂的东西，是赚钱的根本正途。

放长线钓大鱼

“放长线钓大鱼”，顾名思义，指的是不求短期小利，而是着眼长远利益。

凡是能在商业行为中奉行这句话的人，便是具备了长远眼光，也将会成为生意场上一个真正的赢家。

拿投资商铺来说，现在很多楼盘开发商好多都是以包租形式销售，虽然已有明文规定不允许开发商在楼盘还没建好前以包租的形式销售，这是为了防止开发商非法融资或者融资后卷款而逃。

大部分开发商终究还是打着法律的擦边球，所以我们现在仍会看到市面上有不少待售商铺的广告打着前两年或者前三年的店铺租金一次性从商铺总价里扣除的噱头。也就是说，从第三年或者第四年开始，再支付买家店铺的租金。

一般投资人禁受不住这样的诱惑：第一，认为租金刚好等于或者大于每月的还贷数额；第二，购入门槛较低，工薪阶层也能当“旺铺”的主人，低价购买的商铺不需要自己打理，又有升值的空间，何乐而不为！

一般抱着上述这种心态购买商铺的买家，大部分都会失望而归。

你需要知道，开发商是为了建造楼盘而存在的，不是为了管理楼盘而存在的，管理楼盘的是物业公司。开发商根本不在乎将来店铺租给谁，或者有没有人租，开发商永远只在乎资金是否可以及时回拢。现在的开发商玩的就是一个游击战，打一枪换一个地儿，房子卖完便拍屁股走人。

投资房产这个事跟去天津港买平行车一样，套路很多，投资者眼珠子需要擦亮，千万不能心急，要奉行三多：多查、多看、多问。当然了，如果城市前景很好，商铺地段也很好，楼盘五证齐全，合同不存在漏洞和霸王条款，完全可以投资，即使不赚钱，也比把钱放在银行里保值得多。

如果你一开始就把眼光全部集中在开发商给自己保证的租金到底可以不可以抵月供，或者只在意五年之内自己所买的店铺到底能不能成为旺铺，那我劝你就不要投资了，因为你一定会失望的，那可是大部分商铺销售时惯用的“宣传语”。

商铺投资，或者其他项目投资，尽可能地把时间考虑得更长久一些，十年，十五年，或者更久，一开始要准备好自己不受益，即使中途出现了困难，也要坚持下去，不轻易打退堂鼓。

一些企业培训者，特别是一些老板在培训员工的时候，经常会强调每个员工都需要具备长远的眼光。讲出这句话，着实是容易的，但真正这样做的员工却很少。

“放长线钓大鱼”不单可以用在生意场上，在我们选择自己要做什么样的工作时，更需要奉行这句话。

我们的潜意识不可能对自己不热爱的活持有太久的耐性，若没有看得见的利益在眼前作为支撑，我们很难长久地守在一个没有盼头的工作岗位上。

在现实生活中，大多数人都从事着自己并不是很喜欢的工作。

为什么？

首先，或大或小，我们都有自己的梦想。可是梦想若能轻易实现，也就不会是梦想了。而大多数人实现梦想的底气远远不足，认为自己很难在众多竞争者中脱颖而出。

其次，若让有梦想的人把梦想降低一个等级，比如，原本想拼打在一线的，退到二线工作，很多人又担心自己会在二线隐姓埋名一辈子，而且收入也不固定，最终只能找一份所谓有保障、有固定收入的稳定工作。

但请你试想一下，当你做着自己并不喜欢的工作，又不能在短期内收获应有的利益，就会持续不断地在大脑里往负面暗示自己的选择和能力，结果就会像恋爱很久的情侣彼此间早已没有了激情，每天看上去忙忙碌碌，可就是发不了财。

当下，很多人在选择一项工作时，往往不是去衡量自己有多爱这项工作，而是非常在意每个月的薪水到底有多少。

如果说我们的工作是靠热情和金钱两者支撑的话，很多人会更依赖后者。看看自己身边的人，我们不难发现大部分人总是质疑自己的热情能持续多久。

事实上，很多人都高估了自己对金钱的喜爱程度，如果每个人都那么爱钱，就不会坚持每个月拿着固定工资，如时钟一般无精打采和按部就班。

靠热情支撑比靠金钱支撑的人会更具有战斗力，这就好比你跟一个自己不是特别喜欢的人在一起恋爱，如果中间的障碍太多，终有一方等不到开花结果那天就会放弃。若是你跟一个自己深爱的人在一起恋爱，困难越多反而越有勇气去坚持。

所以，放长线钓大鱼，始终有一个前提，那就是一定要做自己热爱的事情上。

我们可以坚持做一件事，离不开两种原因：利益，或者内心一股持久的热情。急功近利的人偏向于找有物质支撑的工作，这类人眼里永远都会闪着一个大写加粗的￥，而跟这类人讲放长线钓大鱼，基本上就是对牛弹琴。

我为什么要强调一定要做自己热爱的事情呢？

这样更容易帮助我们做到放长线钓大鱼。当我们决定做某一件事情时，当做某一件事情暂时看不到丰厚利润时，我们心中的热情可以化为动力，支撑着我们继续前进。而这种热情的能量是巨大的，能长久地源源不断地给我们在前行的路上充电。

如何确定自己潜意识里最爱的是什么工作？

当你可以不为短期回报而长期坚持做某一件事时，这件事基本上就可以归为你的真爱。例如，当你想成为一个演员，你愿意长期没什么回报地参演电视剧，甚至没有一句台词，或者连自己的脸都拍不到；当你想当一名歌手，你愿意靠非常低的出场费一点点地打拼出来，甚至长期混迹于街头卖唱，希望终有一天看见未来……

我始终认为，所有的有钱人，他们都是怀抱热情的人，他们经历了埋头苦干，消耗了大量的时间和精力，最终苦尽甘来，登上了自身财富的巅峰。前期打基础的过程是不会存在什么惊喜的，考验的往往就是一个人能不能持之以恒地坚持。

我的一些读者朋友，有一部分刚刚毕业没多久，正为自己该选择什么样的工作劳心费神。

其中，一个读者朋友 A，她给我留言："大学毕业后，一直没有找到让自己满意的工作，后来我妈妈在我们老家的城市帮我争取到了一份工作，就是在高速公路上收过路费，每个月基本工资四千五百元。待遇还可以，也算稳定，很多人挤破头想去，我现在还在犹豫，因为我感觉这份工作有些枯燥乏味。请您给我指点一下，我去还是不去？"

我："为什么迟迟没有找到让自己满意的工作？"

A："因为待遇都不是太好。"

我：“待遇好的就是让你满意的？”

A：“是啊，工资高的话谁不满意啊。”

我：“你有没有想过你喜欢从事什么呢？”

A：“我明白你的意思，你是想让我做我自己喜欢的事情，可我喜欢的事情根本不能养活我。我自己也老大不小了，只能老老实实地干一份靠谱的工作，总不能一直依靠父母生活吧。”

我不禁感叹生活中有太多的A。也让我想起一位老领导曾经在我面前说过的一句话：“现在大部分的年轻人啊，都喜欢一步登天，都想象着毕业后就可以直接坐在写字楼的最顶层办公室里看看文件、签签字。却不知道那是很多人努力向上爬了十几年都不一定能爬到的位置。”

A这样的人，如果不了解所谓的成功到底是怎么来的，她就是看再多的励志书籍，听再多的名人演讲，都没有用。

类似A这样的人，经常会给自己的潜意识里灌输这样的信息：我老大不小了，要务实；梦想很美好，现实却很残酷；我不能当一个另类；我热爱的事情根本不能养活自己……他们会说：“我必须赶紧找份工作养活自己，不能再给家里增添负担了，等自己工作稳定了再去实现梦想。”

我们可以看到，那些自己灌输给自己的活跃的潜意识，反馈到这部分人的生活里，往往就是他们的现实“命运”：一个没有什么作为的普通人。

不知不觉，我们已经进入一个“快餐时代”。快节奏的生活催促着每一个人，好像已经没有人再愿意等待了。我们总感觉自己已经老大不小了，已经从学生时代只操心每次的成绩排名情况到操心手上银行卡里的数字，所以我们每天都是来也匆匆，去也匆匆，如果不够快，生怕自己会掉队，甚至怕饭碗被人抢。

我把这些对应于我们从小在耳边听得最多的一句话——“快点！”

这句话最常出于我们最亲爱的爸爸妈妈口中，最终被潜意识接收。慢慢我们会发现，我们已经在不知不觉中被活跃在潜意识里的“快点”这个信息打造成了一个十足的急性子，现在我们也喜欢对别人说“快点”。所以，如果看不到某种结果，我们会质疑，会抱怨，甚至放弃；如果不能立马得到辛苦费，我们做事便会懒散；如果投资的店铺一直不盈利，我们就会想着关门，或者转让……

为什么?

因为我们急，我们特别在意“快点”的回报。

也有不少人从事自己热爱的工作，最后却以失败告终。如果你要问这些人为什么会失败，他们会告诉你：“市场不景气，竞争对手太多，资金少，人手少，投资规模小，还有各种落后，难以站住脚……”

这些理由看似是真实的总结，对我来说其实全部都是借口。这是在给自己短时间看不到回报后选择放弃找的台阶。

当你从事自己热爱的工作，仍然做不出成绩时，所有的问题都可以归结为一个：你太急着要看到一个理想的结果。

就拿健身来说，一个身材非常有型的男人站在你面前，他会告诉你，他已经坚持健身三年，或者更久。他会建议你：“最少要坚持健身一年，你的身材才会看得出一些改善。”他一定不会跟你说：“半年后，保证让你一身肌肉、前凸后翘。”

所有健美的身材都是从普通的身材练出来的。同样是热爱运动的人，为什么有些人练出了健美的身材，有些人仍然维持着普通的身材?前者把眼光定在了几年之后蜕变出来的样子，而后者把眼光定在了当下仍未有明显改变的样子。

同理，同样是创业，成功的人会把眼光放在几年后事业做成的样子，眼睛一直盯着那个方向，即使中途遇到了困难也不会放弃。而失败的人，会因为长时间入不敷出，很快便遗忘了创业之初许下的愿望，他们着眼的是每天财务上进账多少钱，若是连着亏损一两个月，就会想着让别人来接手，或者马上关门大吉。人生路途中，成功登顶的人总会幻想着站在山顶俯瞰的那种美好，而半途折回的人却总是惦记着脚下的酸痛。

这个世界公平吗？

其实很公平。“天降大任”，永远只会“降”给值得托付“大任”的人。想成为有钱人，必须要让自己变得有长远眼光。沉住气，是最基本的修炼手段。一个人若能沉得住气，这个人就不会被眼前利益所动摇，就能紧随自己的内心，坚持做自己想做的事。

我唯一的堂姐幼芽，毕业后一直在北京的一家广告公司工作，收入和职位一直不错。但是，堂姐知道这真心不是她真正热爱的事业，她的梦想是可以创建自己的品牌，把来自她在小时候虚构的一个古怪的东方世界通过衣服、包包和饰品的形式展现出来。

于是，她放弃了广告公司的工作，创立了属于自己的品牌“召唤商店”。堂姐说：“尝试了以后才知道，原来为自己内心服务是特别爽的一件事。”

堂姐说她过得比之前累，心都要操碎了，而且有很长一段时间根本存不到钱。但毕竟是做自己热爱的事情，她才能一直坚持到现在。“召唤商店”已经慢慢在全国打响了名气，也拥有一批铁杆粉丝。

现在的堂姐每天忙得不亦乐乎，当初撒下梦想的种子，终于长出了芽。我相信，她的梦想最终会发展为一棵参天大树。

二十七岁的澳洲小伙 Ben 在他单亲爸爸意外去世后，拿到了一笔保险公司的巨额赔款。Ben 非常喜欢教师这个职业，更想开办一家小学。但是，Ben 并没有立马拿着手里的钱去投资办学校、做老板，而是选择在澳洲一家小学里当教师，每月的收入非常低。

十三年之后，四十岁的 Ben 终于开办了自己的小学。在之前十三年的教学生涯中，他学到了整个学校的经营方式，并总结出了一套很有特色的教学方案，以及知道自己需要招什么样的老师。

于是，在短短的三年间，他就在澳洲开了五家连锁学校，经营得有声有色。

爱满手的创始人 JJ 老师，一直热衷于英语培训事业。JJ 老师最大的心愿就是可以帮助更多的中国人告别哑巴英文，能够流利地说一口标准的英语。

于是，她放弃了新东方高收入的英语老师职位，成立了爱满手。

之前，她在新东方授课过程中，不断总结经验，努力创新，并设计出一套非常有特色的且非常容易让学员上手的感官英语。

在爱满手成立初期，一切进行得并不是特别顺利，也没有看到丰厚的回报。对她而言，跟之前的收入比起来，简直是天差地别。

JJ 老师没有受眼前利益的驱使，仍然怀抱着一股热情，坚持做自己喜爱的事情。经过几年的发展，在爱满手里受益的学员遍布中国各地，JJ 老师的事业蒸蒸日上，JJ 老师最终还是钓到了属于自己的那条“大鱼”。

所以，请你不要再到处寻求意见，不用问别人你到底应该选择什么样的工作。所有的答案只能从你自己身上找到，你只能询问自己的内心。你到底喜欢什么呢？你可能会说：“我喜欢这个事情，但是我并不擅长。”那就努力把你喜欢的事变成擅长的事。

你若不能把自己喜欢的事情变成自己擅长的事情，只能表明一点：在你的潜意识里，你并不是真正地喜欢它。试想一下，如果一个人天天说着喜欢你，却迟迟没有任何行动上的表示，你认为这个人是真的喜欢你吗？那只能说你高估了这个人对自己的喜欢程度。

我鼓励所有人，一定要选择做自己喜欢的事情，即使前期的回报是零。从决心跨出第一步那天起，请你把自己的眼界放得更长远一些。当你中途想放弃的时候，请拿出你心中画好的那张蓝图来勉励自己继续前行。在坚持自己梦想的道路上，也许你会过得狼狈不堪，也可能会得不到大多数人的支持，但只要你坚持下去，就一定会有意想不到的收获。

可贵的冒险精神

有一个分叉路口，左右各有一条路，左边这条路有一万个人走过，右边这条路还没有人走。请问：你敢走右边这条路吗？

有两个项目，A 项目和 B 项目，A 项目有一万个人做，B 项目至今还没有人做。请问：你是做 A 项目，还是做 B 项目？

对于第一个问题，张三告诉我，肯定走左边这条路，既然这么多人走左边的路，肯定很安全。右边的路没有人走，肯定是有原因的，里面一定充满危险，搞不好连命都会搭进去。“我一定选左边这条路走，因为群众的眼睛是雪亮的。”

对于第二个问题，李四告诉我，既然这么多人选择做 A 项目，肯定有保证，有钱赚。B 没有人愿意做，肯定是不好做，赚不了钱。“我一定选 A 项目做，因为群众的眼睛是雪亮的。”

请问：在这个世界上，有多少个张三和李四？

我们从小就被教育：做什么事都要先考虑安全可靠。时间久了，这样的观念便转化成我们的潜意识，而且非常活跃。于是，这个观念时刻影响着我们做出各种所有选择。无论是保护我们自身安全，还是我们做项目赚钱，一切都建立在一个安全可靠的基础上，而我们却浑然不觉。

当听到我们要创业的时候，往往能听到我们身边会出现一些疑虑的声音：可不可靠啊？风险大不大啊？安不安全啊？靠不靠谱啊……也会听到各种打击我们积极性的话：你看看现在的流行趋势，谁还会去做那样的项目啊；你是不撞到南墙不回头，你就等着头破血流吧；一点保障都没有还去做，你傻不傻啊……而当我们回过头看看说出这些话的人，一般都很穷。

当很多人都说“群众的眼睛是雪亮的”，你就要相信“真理永远掌握在少数人手中”。

纵观所有能做大事的人，都少不了冒险精神，他们身上都有一股闯劲和干劲，即使碰到头破血流，仍然坚持做自己。

当你在做一件事之前，还在思考安不安全，或者利益有没有保证时，你其实已经是一个失败者了。

所有了不起的创业者在做一件事时，一开始几乎都没有太在意自己做的事能给自己带来多大的实际利润，只是单方面地热爱，单方面地喜欢做某件事。可以说，他们主要是凭着自己的激情勇往直前，才取得了了不起的成绩。

起初，当我打算写本心理类书籍时，有一个朋友对我说："现在谁还看那么乏味的书啊，即使有也属于小众。你怎么不写小说啊？你看现在小说多有市场啊，万一被哪个导演看中拍个电影、电视剧什么的，岂不是赚大了。写小说多安全啊，不用担心被出版社拒稿，其他类别的书考察得都太严格了。"

不得不说，近几年出现了很多被拍摄成影视剧的小说，作者不仅从出版社那里，还从影视剧制作公司那里都拿到了很高的版税，知名度也因此大大提升。于是，有好多写作的人离开自己擅长的写作领域，跟风写小说，最典型的就是很多人开始写穿越剧情的小说。

随着这几年青春主题的影视剧热播，很多人又开始尝试写学生时代剧情的小说。也许，以后我会写小说，但绝对不是因为写小说安全，写小说更赚钱。

总之，什么东西成了热门，人们就会认为什么东西是安全的，是有利可图的。所以，我们在国内的影视剧市场上，会看到很多内容雷同的作品，严重缺少创新精神，观众刚看了几分钟，就已经能猜出接下来的剧情走向和故事结局，到处都是套路，毫无惊喜。

创新才能存活，跟风终将死路一条。遗憾的是，从小我们的潜意识就在不经意间被灌输“一道题只有一种正确解法”这样的信息。于是，整个社会大环境都在强调记忆，强调模仿，让自己跟标准答案一模一样。

“一道题只有一种正确解法”的潜意识，影响到大部分人对自己人生的判断：路只有一种走法，老老实实上学毕业，再老老实实工作、结婚和生子。若自己另辟蹊径，就是在自寻死路。

我们的模仿能力很强，跟风能力很强，但是创造力在哪里？

如果不跟风，我们就会怀疑自己走的路是不是会惹人非议，如果不跟风，我们就没有安全感。从小，我们就在寻找一种所谓的安全感，进入了社会，我们一方面在寻找安全感，另外一方面又想成为有钱人，这怎么可能呢？

你想成为有钱人，就得做别人没有做过或不敢做的事，就是要踏上了一条充满未知的路，就是有风险的。

很多人都会羡慕领头羊，却只有很少的人敢冲在前面自己做领头羊。领头羊虽然威武、有权力，但风险也是最大的，因为更容易被对手盯住。

你会说："创业之前，要把风险降到最低。"

我："干脆不要创业了，不要做梦了。你还是继续待在家里，或者去给别人打个小工，老老实实当个穷人吧。"

当你还在兢兢业业做小生意的时候，别人开始炒房，你说人家是傻帽；等到房价涨了，你又开始跟风炒房，人家又去做电子商务，你说没见过；等到电子商务进入到每一个家庭，你又慌着开网店，人家又去做别的了。

热门的东西最安全，但是竞争也最激烈，因为太多人想要安全了，所以太多人深陷激烈的竞争中。冷门的东西永远都是充满艰难险阻的，因为我们不知道自己一脚踏进去之后是翻身，还是翻船。但是，有钱人基本上都是把冷门做成了热门而变得有钱的。

三十年河东，三十年河西，这个世界没有永恒的生财之道。

三年前，我认识了两个年近五十岁的老板，一位姓高，一位姓朱。

这两位老板都跟我们公司合作过。

我第一次见到朱老板时，感觉他为人和蔼、老实。在跟他交谈过几次之后，我发现他是一个很注重安全的人，经常会听到他说："不行，不安全！"凡是他认为有风险的事，他都本能地排斥。

深入接触一段时间之后，我很诧异，他胆子这么小是怎么做到老板的位置的？他管理的企业也不小，资产也算丰厚，我突然有些质疑我得出他是有钱人的结论。难道胆小的也可以成为有钱人？

另外一位高老板，他让我印象最深的就是，当你给他一个很刺激的建议，而且这个建议很多人都没有尝试过，他就会毫不犹豫地说"搞"！因为他是河南人，用河南话说出这个"搞"字让我印象特别深刻。

他经常说自己天不怕地不怕，想做的事绝对不会拖到第二天。可见他是一个很爽快的人，也算是一个绝对的行动派。3 年间，高老板的产品已经销往全国各地，甚至出口到国外。

有意思的是，我起先说起的那位朱老板，最终解散了他的几百名员工，厂子也低价转让给了一个香港老板，几个股东把钱分了之后，朱老板拿着属于他的钱去了国外。

后来，我从另外一个同事嘴里得知，朱老板的爸爸很能干，当时独自撑起了那家厂，后来老了，就让他的儿子朱老板来管理，结果朱老板不善管理，把一个老字号的厂子就这样拱手让人了。

所以我的看法还是没有错，处处讲究安全的人，是不可能在生意场上大展身手的，是不可能做大做强的，自然也就成不了真正的有钱人。

什么叫作野心？

野心的大小决定了一个人能够走多远，没有冒险精神的人，绝对不能称之为有野心的人。

你可以给自己编上几个野心家的外号，每天向自己的潜意识里进行传输。你想做有钱人，就得做有钱人的行为。首先你要敢想，想别人不敢想的，其次行动需要跟上，要敢做，做别人不敢做的，把自己的狠劲释放出来，也就算成功了一半。不要畏惧失败，要和每一次失败做好朋友，听取失败告诉你的经验教训。然后重整旗鼓，再出发，直至成就自己的梦想。

小时候，我记得长辈最喜欢说："你看看 ×× 家的孩子，好乖，好听话，成绩又好，又不到处惹乱子。你再看看你，野孩子似的，天天到处捅娄子，惹是生非，成绩差，看你将来怎么办哟！"

我看过很多有钱人的采访，他们在回忆自己童年时，没有哪个人说自己小时候是个乖孩子，没有哪个小时候是不顽皮的。

很多人的惯性思维：做安全可靠的事情就是乖，做不安全或做不随波逐流的事就是不乖，就是另类。

若你有自己的子女，还在用“乖”这个字来约束他们的话，你的后代离有钱人就会越来越远。过度保护自己的子女，就会让他们缺少冒险精神。冒险精神，需要从小开始培养。

当你在羡慕别人可以有那么高的收入，而自己从小是乖乖的孩子，后来的收入却始终只够日常开销时，你必须反省一下自己的成长方式。

说回本书开头提起的王西南，他当时就是被老师冠上了“调皮、不乖、野人”等称谓。

我们班当时的班长是个典型的乖孩子。班主任经常会拿班长当正面教材，拿王西南同学当反面教材来教育我们。学校有一次组织我们整个年级步行去十五公里以外的鸭子山，要求每个同学回校后都要写一篇关于这次爬山的作文。

到了目的地，同学们已经累得不愿意动了，每个人找了个位置坐下来后，根本不愿意再接着爬了。语文老师为了提高同学的积极性，就编了小谎话，说山后面住着一个“怪老人”，然后问谁愿意爬上山见识一下他。

所有同学，包括我，一听“怪老人”吓得就不敢接话了。班长说：“住那么偏僻的地方，太恐怖了，还是原地看会儿书吧。”很多同学点头表示赞同班长的说法。

忽然，后面传出了王西南的声音：“既然来了，为什么不去看个究竟，问下老人为什么会独自住在那里，回去写作文又有素材了，不是更好吗？我很想去。”

语文老师听到王西南这样说，非常高兴，就问：“还有谁跟我们一起上山？”

结果，最后只有五个同学一起去了。以班长为代表的一大群同学则待在原地看书或者聊天。

十年过去了，班长在我老家那个城市里的事业单位上着班，听说一个月就不到三千块的工资。而王西南却在老家投资了各个项目，有房地产、餐饮业和娱乐业。

有一次，我跟朋友去老家规模最大的那间 ktv 唱歌，里面装修得非常华丽，一打听，原来老板就是王西南。

是的，这就是当时班主任嘴里“正面教材”和“反面教材”的各自命运。“正面教材”从小到大都做着一件很安全的事情，过着一种很安全的生活，不痛不痒。而“反面教材”的人生充满惊险，充满刺激，充满着不能预知的考验，痛并快乐着。

有时，我还会看见有些母亲手里拿着长长的棍子到处追打自己的孩子。当我看见她们手里一边挥舞着棍条，嘴里一边喊着“我叫你不乖，我叫你不乖”时，不禁会叹一口气从旁边走过，因为我知道，又一个孩子的冒险精神很有可能被扼杀掉了。

从小到大，我也是在一种“安全”环境里长大。

到了国外，同学拉我一起去坐过山车，我不敢；喊我去蹦极，我更加不敢去尝试；约我一起去露天野营，我拒绝；约我一起进鬼屋，我更是怕得不行。

过去，我一直没有认为自己有什么不妥，并且认为胆子小一点无可厚非。

但是，当我跟很多有钱人当了朋友以后，我才知道，胆小是成为有钱人的首要阻碍。

后来，我尝试去玩过山车，而且一个人连着坐了五六次，直到自己已经感觉不到任何恐惧；我一个人远足，步行三十公里；一个人夜间爬山；一个人夜间走坟场……当生死存亡的恐惧都能被自己战胜时，还有什么事情对自己来说是危险的呢？

《孙子兵法》里说“投之亡地而后存，置之死地而后生”，是说作战时把军队布置在无法退却、只能战死的境地，以此激发兵士求生的潜能，兵士就会奋勇前进，杀敌取胜。

在求财的路上，我们不要再寻找所谓的安全感，我们要狠心把自己送进一种绝境的状态，这种绝境的状态不是让自己的生命受到威胁，而是要狠心把自己置于“投资无退路”的境地，那时，我们才能真正用心洞悉如何赚大钱，才能真正激发出自己赚钱的潜能。

我有一个妹妹叫高小羊。她有一次给我发微信说：“姐姐，我现在每天都生活得好压抑，每天苦命地工作，但是收入总是上不去。”

我告诉小羊，她的“靠山”太多，活得太过于安全。

小羊左边有老公，右边有公公婆婆，前面有爸爸，后面有妈妈。小羊跟我不太一样，即使她没有了公公婆婆和爸爸妈妈的帮助，还有小羊的老公一起分担家用。

小羊最近怀上了二胎，强支着架子，依然在为每月那点不多的工资做着事。我给小羊的建议就是把工作辞掉，安心养胎，把赚钱的任务先全部交给老公去完成。如果她的老公足够爱自己和孩子，肯定会竭尽全力想办法去赚钱。我还告诉她，最好还是单独住，不要跟父母住在一块，接受他们的帮助。

小羊："那不行啊，只靠他一个人养，我跟孩子会饿死街头。"

我："那就让他去借钱，然后想办法还，借钱本身就是一种冒险。你老公如果能够撑下来，就一定会感激你的决定。就好像我现在非常感激我前夫没有给我的孩子抚养费一样。如果他给了，可能每个月我就把时间和精力都花在索要抚养费上面了，哪还有心思去赚钱。"

事实上，如果一个人的赚钱能力非常强，这个人肩上的担子一定不会轻。也许这个人需要一个人来支撑整个家庭，这样的情况会逼迫自己想破脑子去赚钱，这个人赚钱的潜能自然可以被激发出来。

如果几个人共同养一个家，每个人都不可能竭尽全力去赚钱，如果这几个人当中的某一个人没钱花了，很自然地会想："没关系，还有另外一个人可以补贴我一点。"

一只手本来可以提起十斤的哑铃，若换成两只手提，每只手自然就不会使劲全力了。

这让我想起了自己刚生完孩子的那一年。我爸妈把该买的都买了，水电费和燃气费不需要我去交，菜不需要我去买，甚至宝宝的奶粉钱和纸尿裤钱也是我爸妈抢着在一旁买单。

那一年，我很少在经济上面操心。每个月都可以把大部分的工资存起来，我一下子陷入一种很安逸的状态。

我隐隐约约感觉到，如果再这样下去，我不可能赚大钱，也不可能成为有钱人，更不可能实现我想实现的那些梦想。

后来的某一天，我在阅读《孙子兵法》时，刚好看到了"置之死地而后生"这句话，感触颇深。那些天，我一直在思考这句话，我知道把自己逼入"绝境"，等于是要把自己归零，重新开始。也许，我会因此变成"月光族"，也许我会负债累累，但是我知道我的内心会变得强大，也会磨练出一个赚钱的头脑。对此，我深信不疑。

我开始断绝父母的经济帮助，没过多久，我便孤身一人带着孩子来到了完全陌生的沿海城市，开启了我独自一人的“冒险之旅”。

在那段时间里，我才真正感受到了独自养家的不容易。我告诉自己，我一定可以创造很好的生活。如果我告诉你，那段时间我一点也不累，很轻松，那便是假话。就像 Lily 妈妈说的那样，先要磨几层皮下来，才能看到胜利的曙光。

那段时间，我每天都会念正能量的口号给自己打气，也会和自己的潜意识对话，而潜意识回馈给我的就是不会被这种压力打倒。

突然之间，我感觉自己如同商业牛人附体一般，我总是可以找到适合自己投资的商机，带着热情，我坚持着，一步一步让自己离自己的梦想越来越近，而我也实现了当初说的“要给孩子最好的生活条件”的承诺。

我知道，这种提升将永远不会停止。

安全的生活环境确实会让人感到舒适，但是我也发现，很多人处在安逸的环境时竟会变得怨天尤人起来。这部分人不愁吃喝不愁穿住，只知道把心思都花在其他琐事上。

我见过一些“啃老族”，每天花父母的钱，还抱怨自己的爸妈做得不好，而那些父母不仅要被自己的儿女“啃”，还要被自己的孙辈“啃”，最后吃力不讨好，还惹得孩子生厌，几乎就会成为孩子的敌人。

我想对所有“啃老”的年轻人说，当你真能把所有的担子都扛起来的时候，你的爸妈在旁仅仅只给你一个指头的分担，你都会心存感激。

与其说年轻人不能在该奋斗的时候选择安逸，不如说人不能总想着安全。并不是事情或外在环境本身不安全，而是我们的心理有问题。

我们对结果的幻想，让我们有了不安全的感觉。不安全的信息一旦转化为潜意识，这样的潜意识就会伺机活跃起来保护我们，所以我们才会缺少勇气去做事情。

培养自己的冒险精神，也就是在强大的自己的内心。

当你在轻松羡慕有钱人时，你有想过在有钱人身上发生过多少事情是你不敢去尝试的吗？

对你来说，寻求一种自认为比较安全的方式去赚钱，例如跟风，例如加盟一家连锁店就成了你养家糊口的首选。因为你喜欢安全，所以你不会去借钱；因为你喜欢安全，所以有了钱也不敢花；因为你喜欢安全，所以你拼命存钱；因为你喜欢安全，你总是跟风做别人正在做的东西。请问：这样的你真的会成为有钱人吗？

在中国，真正有冒险精神的人是少数。当然，光有冒险精神还不够，我们还需要有一个端正的三观。我们在培养自己冒险精神时，一定要不断让自己靠近正能量的东西，这样我们的冒险精神才不会变质。

PART4

存钱：你的钱越存越少

你有存款，却过得很穷

当一个人潜意识里保存了“我不是有钱人”这条信息后，这样的潜意识就会让这个人赚钱变得无比艰难，每一次开销也会变得异常小心，会尽量避免一切开销，非常爱存钱。

为什么？

这个人会认为，本来自己就没什么钱，再不存点钱，生活就更加没有底气了。

“我跟你说，上个月我存了三千块钱，我这个月比上个月多存了两千块钱。”一个四十多岁的中年妇女对坐在她旁边的友人说。

“快说说，这钱是怎么挤出来的。我跟我老公的工资合起来，除去开销，每月也只能存三千块钱不到。”她的友人急忙问道。

“你让他把烟戒了，然后控制他每个月出去请客吃饭的次数。

控制一次，就至少能让他省出五百块钱出来。他每个月的烟钱省下来，也有近一千块钱。这两千块钱就是从我们家那口子身上挤出来的。”妇女连忙解释道。

“你让我们家那口子戒烟？那还不如杀了他呢！他倒是没有什么机会出去请客吃饭。我们家孩子上了几个补习班，开销很大，钱基本上都花在孩子身上了。每个月我也是省吃省用的，只能存三千不到。我在想，等到孩子大学毕业并且工作了，那时每月我应该可以存够七八千块钱。”友人接着说。

“补习班上了有什么用啊！现在不是拼知识的时代了。你别整天整那么多压力在你闺女身上，你闺女和我闺女成绩都不差，万一将来考不上好的学校，多存点钱也可以给她们买个好学校上啊。现在是拼钱的时代。我们如果不多攒点钱，以后让女儿走出去怎么抬得起头啊！我打听了一下，我闺女同班同学家里，个个都是百万家底，现在我们不多存点，以后就晚啦！”妇女挤着眉头说。

“我现在的房子太小，我存钱主要是想买套房子，等将来我女儿结婚了，女婿上门也不显得女儿掉价。”友人说。

“哎呀，你怎么也要做房奴了啊。傻不傻啊你，儿孙自有儿孙福。有那钱，你留着给你闺女买套好点的房子，我们这一年一年老了，还买啥新房啊！你买套好的，他们能回来住几次啊？你看我，从我生我闺女那天一直到现在，我已经存了快六十万了。等她上大学时，我争取存够一百万。我有一个朋友，是出了名的会存钱，她工资拿的还没有我们高呢，但已经存了一百多万了，听说她住在单位，吃在单位，每天都找一些发票报销，我改天要请教她，看看我还能从什么地方把钱省下来。”妇女越说越起劲。

“那你一定要叫上我，我也要去学习学习。”友人急忙附和。

这二位响亮的对话，就这样被我完完整整地听到了。我不禁打了一个寒颤，当这个妇女的老公该有多么的不幸啊！虽然抽烟有害身体健康，但是很多男人抽烟是为了减压，他们甚至可以不吃饭，也不愿意不抽烟。若是为了他们身体，帮忙减少抽烟的量，我还能理解；若是为了存钱，强迫性地让自己的老公戒烟，这跟拿刀子捅自己的老公有什么区别吗？

我当时吐了口气对自己说：“还好，还好，我不是这样的女人。”

为了所谓的“钱包越来越鼓”，尽可能地免去一切开销，还一个劲地嘲笑那些车奴和房奴。我想，为了车子和房子把自己一辈子都搭进去的人，也好过为了一个本子把自己一辈子搭进去的人。

有意思的是，当我听这些人在谈论自己如何存钱时，似乎是在炫耀自己非常会理财，非常有成就感。

我突然想到鲁迅先生经常在文章里讽刺一部分中国人。他在《碰壁之后》里提到“中国各处是壁，然而无形，像‘鬼打墙’一般，使你随时能‘碰’，能打这墙的，能碰而不感到痛苦的，是胜利者。”这些人嘴里鄙视着房奴、车奴、孩奴的同时，却不知道自己是一个麻木不仁的钱奴。或许，用钱奴一词都不能准确的表达，应该说是人民币奴，或者是存折奴更恰当点。

我认识一个孙叔叔。他是一个俱乐部的篮球教练，平时生活习惯非常健康，不抽烟不喝酒，业余时间就是教他的学生打球，对他的妻子刘阿姨也是相当有心，这么多年过去了，始终如一。

外面的人都羡慕刘阿姨找了一个好男人，恩恩爱爱过了那么多年。

他们两个一直是小区里的模范夫妻。可就在两年前，刘阿姨却狠心地结束了和孙叔叔长达二十年的婚姻生活。

刘阿姨和孙叔叔离婚后，在一次我妈的朋友聚会中，刘阿姨也在场，跟往常不同的是，刘阿姨旁边多出了一个陌生的男人。不用问就可以看出这个男人和刘阿姨的关系。

后来又过了一段时间，好多关于刘阿姨的流言蜚语就全都飞了出来，什么“不妇道”“不检点”“红杏出墙”……各种对刘阿姨的负面评价，像雪片一样四处飘散开来。

在所有的外人看来，孙叔叔那么好的男人，刘阿姨却不知道珍惜。又过了大概三四个月的样子，大家看不到刘阿姨的身影。我们都在想，可能是受不了那些负面评价，刘阿姨不愿意再露面了。

2015 年春节，我在老家又偶然遇见了刘阿姨。

我见她气色非常好，甚至比以前更年轻了。

我妈热情地邀请刘阿姨上门做客，刘阿姨很爽快地答应了。在我们家寒暄了一番之后，我终于得知刘阿姨为什么和模范好男人孙叔叔离婚了。

刘阿姨：“事情已经过去一年多了，我现在过得比以前好。”

我妈：“老孙对你不是一直很好吗？”

刘阿姨：“他把钱看得太重了，他虽然不抽烟不喝酒，也没有恶习，但你们知道他连一个男人基本的交际能力都没有吗？他从来不会主动请人吃饭，都是他的学生请他。因为我的收入比他低，所以那时我们商量着把我的工资拿出来当日常开销，而他的钱则全部定期存起来。”

我：“那孙叔叔那么多学生，一定存了不少钱吧。”

刘阿姨：“比上不足，比下有余吧。主要是恶性循环了，连正常的开销他也抵触，就知道存钱。我每次回娘家，都是拿自己的钱出来给爸妈，问他要一分钱都难。”

其实，我早已经知道孙叔叔爱存钱了。

以前，我就经常听他教导小辈们说：“你们父母赚钱不容易，不要老是买这买那的，能不花钱就别花钱。”

但是我们不知道，孙叔叔爱存钱的“毛病”已经到了一个让刘阿姨难以忍受的程度。

刘阿姨：“你们看我活得潇洒，都以为他能赚钱养活我，其实一直是我自己在养活自己。他确实有存款，可他的钱谁也别想动一分，家里房子太旧，我想换套新的，跟他商量买新房的事，他说这是浪费。我妈生病住院，我让他拿点钱出来为我妈治病，他却反问我其他儿女为什么不管。后来，我不得已从我同事那里借钱给我妈看病。你们想想，他哪像是家里的顶梁柱？家里有存款搁在银行里不动，让我一个女人跑去外面借钱，他和我还能称得上是一家人吗？我早就想结束我们的婚姻了，只是顾虑着儿子的面子。现在，儿子也大学毕业了，离婚对我来说也就没什么可顾虑的了，我可不想跟一个守钱奴过一辈子。”

我妈：“老孙一直没找人，还在苦苦等你回头。”

刘阿姨：“我不会回头了。我现在处的那位虽然没什么存款，但都会把自己赚的钱给我花，我感觉我过得比以前富有多了。

在现实社会里，两个人谈恋爱，等到谈婚论嫁时，都会考虑对方的经济条件。特别是女生，会衡量对方到底拥有什么，值不值得托付。

可在这个世上，有一种人穷得只剩一个装满钱的存折了，看上去是有钱人，其实是一无所有的人，你敢嫁吗？

有一次，一个好久未见面的朋友来我家做客。他被我家一尘不染、井然有序的房内摆设给吓到了。

他：“你肯定有洁癖。”

我：“我就当你在夸我吧。”

他：“我不是夸你，我觉得你这样活着肯定很累。”

我：“做自己不习惯的事才会感觉累，只能说你还没有这个习惯。”

他：“我只是觉得，人还是要寻找一种放松的习惯，将什么都分门别类的，太累。你看，你家好像没有人住一样，连个茶杯都还要专门放在柜子里，如果直接摆在外面，想喝水了，顺手一拿，多方便啊！还有啊，房间里摆这么多没必要的装饰品，好看是好看了，但应该不少花钱吧，这些钱存起来多好啊！要是我妈看见了，一定要说你浪费了。”

我：“天空为屋顶，大地为床，你累了便躺下，更方便，更省钱，也省得买房子，省得叠被子，也省得每天挤车回家。”

钱，什么时候该花，什么时候不该花？

在你眼中，若特别在意存钱，那么所有的钱都不该花，并且你会一直认为努力存钱是一件无比正确的事。

你为了自己存折里的阿拉伯数字每天不断增加，你煞费苦心地存钱。你希望通过此举摘掉自己身上那穷人的标签。我只能说，你错了。虽然你存折上的数字的确在不断增加，可是你仍然是一无所有。

这样的你，跟一个乞丐的区别只是多了个存折而已。乞丐没有钱，所以这也不能买，那也不能买。你因为要存钱，同样是这也不能买，那也不能买。乞丐不会为花钱还是存钱伤脑筋，如此看来，乞丐比你活得更简单、更轻松。

爱存钱的人，内心是脆弱的。他们通过存钱这个方式来强大自己的内心，殊不知，他们让自己的口袋越来越鼓，但内心却越变越脆弱。在他们的潜意识中，钱是存出来的，不是赚出来的。

我妈年轻时的一位好友薛阿姨，自 1992 年下岗之后，就一直做着小生意。她是典型的舍不得吃穿型的女人，在她的生活中，最重要的事就是存钱！存钱！存钱！

在我出国那一年，听说她存折里的钱已经突破一百万元人民币。但是，我们丝毫看不出她是一个百万富翁。她身上穿着廉价的衣服，提着一个破旧的包包，满脸雀斑和皱纹，蓬松着头发和我们家还有其他两家人在一起吃饭。

我发现，她的眼睛里总是透出疲倦，透着沧桑。有时，我甚至感觉她的笑容都是勉强挤出来的。

那时，我们家和其他两家的资产相加起来恐怕连二十万都没有，但是我们有的是朝气和活力，以至于别人都会认为我们几家和薛阿姨家一样有钱。

回国以后，我偶尔有一次和我妈提起了薛阿姨。我妈说，薛阿姨进了精神病院。我当时惊讶到连牙齿都快要掉出来了。我妈说，薛阿姨把她辛苦积累的两百多万存到了一个房地产老板手里，那个老板承诺每年给薛阿姨两分利息。

也就是说，薛阿姨什么都不做，每年就可以拿到四十多万的利息钱。

不幸的是，她还没有拿够两年的利息，那个老板就出车祸死掉了。当所有的债主找上门的时候，她才发现，那个房地产老板从民间非法融资了足足一个多亿。因为债主太多了，惊动了政府。政府强调，谁接手那个楼盘，谁就需要先把每个债主的本金还清。楼盘迟迟没有人接手，慢慢成了烂尾楼。

薛阿姨拿不到利息，连自己的本金也收不回来了。

薛阿姨苦苦追寻着自己的血汗钱，始终没有着落，压力太大，几次试图自杀，被亲人及时发现，给拦了下来。没过多久，她就疯了。

我妈："哎，我们这个圈子，最先发家致富的人，却落得如此下场，可惜了。"

我说："她根本不是真正的有钱人。"

爱省钱的人，一定爱存钱，而且都是拿着自己宝贵的时间来省钱，哪怕只省一块钱。

前几天，我去超市买东西的时候，看见超市到处挂满了广告，上面写着：凡是星期六、星期天购物用带有"闪付"标志的银行卡付钱，满 50 减 20，满 70 减 30。

我在心里面偷笑，看来支付宝等软件的强势来袭，给各个银行制造了不小的压力，银行（金融机构）想通过这种活动方式让更多人把钱再重新存入银行。

突然，我听见正在我前面搭电梯的大姐对她老公说："今天星期四，我们星期六再来买吧。"

她老公："可是家里没有牙膏了，再不买，这两天怎么办啊？"

她：“哎呀！将就两天能省二十块钱，几次下来就可以省一百块钱呢！”

最后，她拉着老公从旁边的电梯下去了。看来她的老公也妥协了，我当时真的是很无语。

还有一次，我从商城里出来，准备结账时，左边一个结账通道里，只有那么一两个人排着队，右边那个结账通道却排起了长龙，大概有十来人。我问身边的商场保安：“这两个通道不一样吗？”

保安：“那边扫二维码，每单可以减免十块钱。”

原来如此。

我在想，那边排着长龙的人，一定会在心里嘲笑我们这几个在左边付款的人，有钱可省都不知道。

我突然意识到有钱人为什么有钱了。有钱人往往都是用钱买时间，而穷人则是用时间换钱。

很多爱存钱的人会想：等我存够了多少钱的时候，我就可以真正开始享福了。我想对这些人说，你不知道习惯成自然吗？你不知道二十一天坚持做一件事就能形成一个人的习惯吗？更何况爱存钱的习惯，你已经坚持了大半辈子。

我见过太多的老人，攒了一辈子，存了一辈子，一天的福也没有享，直到生命快走到了尽头时仍然在看自己的存折，仍然在算着自己存折里的钱，而他们的子女也时刻盯着那点钱，在心里时刻计算着自己可以分到多少钱。请问：这是老人的悲哀，还是老人年轻时就已经悲哀了呢？

没有冒险精神的人，往往爱存钱。不得不说的是，当你自己有了一些存款时，确实会让你的内心充满安全感。

说实话，很多经济条件很好的人也会存钱，包括我自己。在没有想好哪些地方可以投资时，我也会存一些钱，我自然不会逼着自己做个“月光族”。但是，我在遇到自己喜欢的东西时，绝不会强压住自己的购买欲。若是因为存钱让自己变得一无所有，这不会让自己成为有钱人，而是会让自己越来越穷。

有一次，我和一个朋友一起散步，我们两个突然讲到另外一个有钱朋友创业的故事。

朋友：“你说他（有钱朋友）有今天，最应该感谢谁呢？他是妻子，他的伯乐，还是他的父母呢？”

我：“他最应该感谢那些辛辛苦苦存钱的人，要不然他从哪里贷款创业走到今天呢？”

有钱人的债总是还不完

2007 年，我看过一本理财的书，作者是一个韩国人。书名已经在大脑里模糊了，那本书的宣传语是如何让自己的钱包越来越鼓，可现在想想，那只是一本教读者如何竭尽全力省钱，然后又如何竭尽全力存钱的书。

那本书，是一个小妹妹推荐给我看的。她一再嘱咐我，一定要认真看。确实，这样的书对当时还是一个穷学生的我来说，确实有巨大的吸引力。

试问，谁不想发财？谁不想钱包越来越鼓？

当年年幼无知的我，一度把那本书中提供的方法，当圣旨一样去实践。我还记得里面有句话：若每天把你没有必要的开销存起来，过一段时间，你会发现这将是一笔不小的数目。长年累月下来，你会发现你的财富会上升到一个新的高度。

在我实践了一段时间后，确实让我省出了一点钱，但每天的生活却过得异常枯燥。我隐约觉得若一直这样坚持下去，只会让我继续在穷人这个阶层里老老实实地待着罢了。因为，我所有的精力都放在了省钱、存钱上面。对于如何赚钱，一点思路都没有。

那段时间，我尽可能不花钱，努力存钱。因为我的学费是固定的，我只能从我的生活费里面省。一个长条面包，我曾啃了一个星期，晚上坚持只吃一个苹果，连我自己再次想到这里时，都产生了错觉，以为我那是在减肥。

我坚持了大概有半个月时间，确实瘦了不少，也省下了一些钱来。对书中的方法和整个实施过程，我走火入魔般地信仰着。我期待在几年之后自己可以存出一个新高度，直接进入有钱人的行列。

对于一个那么爱买衣服的我来说，已经大半年没有出去逛过服装店。我身边很多朋友为此表示很困惑。还有同学组织的聚会，我会扯出各种理由不去。

当同学们已经开始操心如何创业时，我还是在想着如何去省钱，如何存钱。

渐渐地，朋友开始对我有点爱答不理。我也不像之前那样可以吸引很多男生来喜欢我。我和朋友的关系不知不觉中变得疏远了。我所有的心思都用在衡量这个钱该不该花，那个钱该不该花。人也渐渐没有了灵气，失去了好运，像一个处处斤斤计较的“老大妈”一样。

我在想，如果当时我家人看着我那样过日子，一定会感到欣慰吧。因为在他们心中“花钱如流水”的我也可以省吃俭用地生活了。

最好笑的是，我竟然一直不认为自己是在存钱，而是在理财。

暑假回国后，我去杭州玩，顺便考察了当地的几家装修公司，想看看毕业之后能不能留在国内工作。

碰巧的是，我刚好赶上一个关于理财的讲座，而且是免费的。我心想，既然不用花钱，又能学习，自己也算资深理财人士（现在觉得太可笑了），一定要去听听。一个小时里，我听得云里雾里，演讲者说了很多银行理财的产品，说了它们的优点以及风险。但是，他怎么就没有教我们如何攒钱或存钱呢？我决定问个明白。

我：“请问，怎么样才叫会理财？”

他递过一张名片给我，名片上写着理财顾问。如今我已经忘记他属于哪个银行，还有姓什么了。

他：“这是我的名片，你若对我们的理财产品感兴趣的话，可以给我打电话。”

我：“我还是个学生。”

他：“这样啊，那你可以回去问问家人是否有兴趣做投资理财。”

我：“学生不可以做吗？”

他：“你以前做过吗？”

我：“我有存款。”

他：“哦，你存的活期还是定期呢？可以试着转成理财产品。这样收益更大一点。你可以上我们官网查看每个理财产品，了解清楚后才能便于理财。”

我：“会存钱不就是理财吗？”

他：“哈哈，也算理财，也算理财。请问你存了多少？”

我：“不到一万。”

他："嗯，那你考虑好后可以给我打电话！"

说完，他转身就走了。

我想，他可能觉得我钱太少了，或者认为我根本不知道什么叫作理财，于是懒得在我身上继续浪费时间。

他的这个半嘲笑的行为，让我开始怀疑我努力存钱这个事情是不是有些不太理智，也让我对如何变得更有钱重新思考了起来。

2009 年，在我实习不到一年的时间里，我就见识到了所谓的有钱人，也就是我的顶头上司。有一次公司聚会，我就厚着脸皮问他："老总，你存了多少钱？"

老总："存钱？怎么突然问这个？"

我："是啊，你应该存了很多钱吧，你是从什么时候开始存钱的？"

老总："为什么要存钱，我欠了一屁股的债，哪有钱可存？"

我："啊，不会吧，可是你很有钱啊，你是老板啊。"

老总：“那也不是存出来的啊。一般都是刚有点钱就会投资到新的项目里去，我怎么会存钱，借钱都还来不及呢，哈哈……”

我：“可是你开销也很大啊，不存钱，怎么消费啊？”

老总：“赚啊。所以我才要投资理财啊，钱滚钱啊。”

我：“存钱不是理财吗？”

老总：“存钱也算是理财，但是说真的，我从来不认为存钱是理财，而只是一种很笨的投资方式。对于很多人来说，有了钱不知道怎么投资，没钱的又想尽办法存点钱。对我来说，银行那点利息能做什么呢？如果要是为了那点利息把钱死存起来，我的事业根本没办法做开，所有的时间也就都浪费了。我不会选择这么笨的理财方式。”

我：“你的意思是笨人才会存钱吗？”

老总：“可以说是，也可以说不是。你最近在存钱吗？”

我：“存了一点。我是不是很笨？”

老总：“怎么会？存够第一桶金，然后发展自己的梦想也是很好的。”

我：“可我存钱并不是为了发展梦想，是为了存多点，慢慢成为有钱人。”

老总：“有钱人是想办法赚钱的人，哈哈……”

我知道，当时的我在他心中就是笨人一个。

还有一次，我在学校参加公益活动，认识了一个捐款的华人。他在澳洲开了好几家公司，也是典型的有钱人。活动方组织大家吃饭时，作为学生代表的我们，可以上去跟他说几句话，也可以问他几个问题。其他同学的问题：请问为什么您要出席这次公益活动啊？这次公益活动对您来说有什么特殊的意义啊……轮到我问了，我上来问的问题，把他和他身边的人给惊到了。

我：“请问你存了多少钱？”

他先是一愣，然后笑着说：“我一般都拿出来做公益了。”

我：“我不要这样官方的答案，你不存钱哪来的钱做公益啊？请问你如何看待存钱这件事，它是一种很笨的投资方式吗？”

他："也不能完全说是笨吧，毕竟现在很多人都会存钱，总不能说很多人都笨吧。不过我理财的方式就是不断投资新项目和新产品。这样才能让原来的资产越滚越大。"

后来，我被同行的老师口头警告，说我不尊重慈善家，取消了我提问的资格。然而，我心里很高兴，因为我听到了我想要的答案。

回国后，我接到了一家鼎鼎有名的公司的面试通知。面试时，我见到了传说中的大老板。这个大老板不得了，在商界声名远扬。见到他，对于我来说就如同见到了明星一样。但他一点也不摆大老板的架子，很友善地跟我们这几个参加面试的人握手。然后，他开始挨个问问题，接着面试官就通过考察我们的应对能力来进行打分。轮到我的时候，他问我："如果给你一个提问的权利，你最想问我什么问题？"

我："我想问您是如何走到今天的？"

他："平常心，坚持，勇气，能力。"

我："其实，我更想问您存钱吗？您存了多少钱？"

主面试官："警告！你问的这个不在合理范围内。"

我："可我只想问这个。"

他："这个问题我不想回答你，如果没有别的想问的，那就下一个人提问吧。"

很显然，面试结果是我没有通过。也许，他们认为我的问题不怀好意，至少是冒犯了别人，竟然问这样的私人问题。

我很执着。当我下楼梯时，再一次碰到了他，他冲我笑了一下。我没有回应他的笑容，冷冷地看着他，只是因为他没有回答我的问题。

他可能也发现了我的小家子气，他往我身边凑了凑说："对于你刚才那个问题，我想说，我欠了银行一大笔钱，还未还清，哪有钱可存！你真可爱，加油啊，年轻人。"

后来，我想了想，我那段时间为什么这么爱问有钱人存不存钱这种问题呢?

也许，是因为我自己骨子里就不爱存钱，花钱大手大脚的，所以特别想从有钱人的答案当中为自己寻找到一点心理安慰，然后告诉自己：有钱人就是不爱存钱，我将来也会是一个有钱人。

这样，我就可以继续保持我不爱存钱的习惯。

有一次，我在网络上看到一条新闻：一个浑身挂满黄金的女人参加一档选秀节目，后来，节目组采访她，问她为什么要挂这么多黄金在身上，是想显示自己很富有吗？女人笑着说，她确实很富有，并报出了自己所有的家底，例如有几处物业，有几家公司，资产过亿，等等。在这则新闻下面，引来好多网友留言吐槽。有一条网友的留言让我印象深刻："资产过亿，我绝对相信，但是我想问问她外债有多少，也很惊人吧？"

我相信，这个网友一定对成为有钱人的规则是比较了解的。

我现在才知道，自己当初问了那么傻的问题。对于一个有钱人来说，总是身负大量的外债，哪还会有什么存款？即使有存款，在没有还清外债前，那些资产也不是真正属于自己的。就好比按揭的房子，虽然户名是自己的，但在没还清贷款之前，房子还是属于银行的。

有几次参加同学聚会，大家喝多了以后，就会相互询问各自的存款。若一个条件很好的同学说他自己没有存款，根本就没有人相信。可想而知，在很多人的潜意识里，有钱人就代表着有存款，存款的多少就代表这个人有钱的程度。但是在现实中，有钱人拼的是资产，并不是存款，资产多并不意味着存款多。

我的好友拉拉，是一个很时尚的女生。她经济很独立，年纪轻轻就自己买房、买车。空闲时间，她常跟自己的朋友出去聚会。她的朋友们会开玩笑称她“小富婆”。有些关系要好的朋友会问她存了多少钱。她告诉我，当她面对这样的问题时，很难回答，一方面她不想骗别人，另一方面她又不想让别人知道自己其实没有什么存款，她在潜意识里认为如实回答会辜负了她“小富婆”称号。

我告诉她：“你正在向一个越来越有钱的生活靠近。那些张口炫耀自己有多少存款的人，才是真正的有钱人吗？能把数目不小的钱存起来的人，我想不出他们会有什么商业头脑。一个始终想不到合适投资方式的人，根本不会是一个真正的有钱人。你一点也不丢人，放心好了！”

去年的某一天，相同的问题摆在了我的眼前，一个朋友问我：“你存了多少钱啊？”

我：“我的债还未还完，何来存钱？”

告别贬值的生活

很多人爱存钱，第一，看中的是安全；第二，看中的是利息。我不爱存钱，第一，利息太低，对我没有诱惑力；第二，社会总是在发展，银行里的钱总是在不断贬值中。

我们经常会听到有人感叹：放在十年前，那可是一笔大钱。

是啊，三十年前，一块钱可以买一箱鸡蛋，而今天呢，一块钱连一个鸡蛋都买不了了。若把三十年前的一块钱存到今天拿出来使用，你会痛恨自己当初太愚昧，不够有远见，还是会痛恨社会发展太快，物价涨得太快呢？

我曾看到过这样一则新闻。一个八十岁的老太太，存了一辈子的钱，总共存了三十多万。2012 年，在临终时，她嘱咐亲人把这笔钱拿出来给自己的孙子在上海买套房子，嘱咐完便去了极乐世界。

随后，记者在采访老人的亲属时得知，在二十世纪八十年代的时候，老人家手里就存了五万多。那时的五万，在上海买套房子还是可以的。而现在这个钱在上海买个洗手间都不够了。

当你在感叹物价飞涨时，有没有想过，手里的钱正在一天天贬值呢？

你若是有了“手里的钱正在一天天贬值”这样的认知以后，还会去存钱吗？

有人说：“避免手里的钱贬值的唯一办法就是在当下花掉它。”这句话，是我在上高中时看到的，之所以印象深刻，是因为那时的我花钱如流水，看见了这句话，心里瞬间得到了些许安慰。

这句话有没有道理？

我当时还不具备分辨的能力。现在回过头去想这句话，觉得这句话说得太对了。但是，我想再补充一下：“避免手里的钱贬值的唯一办法就是在当下花掉它，把它转化成手中的商品。”

从我开始记事起，每年春节都要去奶奶家拜年。

二十世纪九十年代，我可以从奶奶那里得到五十块钱的压岁钱。那时，我对金钱虽有些懵懂，但也知道五十块钱可以买好多东西。例如，可以买好多本小人书，可以买七到八个小书包，可以买几十包巧克力。可我的压岁钱却被我妈以“小孩子不懂得怎么花钱”为理由给存了起来。

我上高中时，再去奶奶家拜年，仍然可以拿到五十块钱的压岁钱。可那时，五十块钱只够买三本正版书，或非名牌的书包一个，或几包巧克力。

有时我在想，若早些年把钱全部换成商品储存到现在，是不是可以大赚一笔呢？现在看来，赚钱根本谈不上，只能说保值。因为过去的钱值钱，现在的钱不值钱。但商品的价值一直是跟着市场走。若拿过去的钱来购买现在的商品，那就是在做亏本生意。

所以，我们辛苦存了些钱，准备等到十年或者更久以后花，难道不觉得有点傻吗？

几年前，房地产被炒得热火朝天时，房子的价格被炒成了天价。那时，仍然有大量的人挤破头买房子。很多人为了买一套房子，花掉了毕生的存款，每个月背上了很高的房贷，甚至每个月的工资基本上都还了房贷。我甚至也跟大多数人一样，认为做一个房奴太可悲。可是，做一个存折奴更可悲。房奴最起码还有套崭新的房子，而房子也是相对于其他商品较能保值的。存折奴有什么？

安全感的过度培养，让人总是爱待在一个自认为安全的领域，而不知道自己到底有着怎样的潜能。

为什么人们爱存钱？就是为了寻找安全感。存钱相对于其他投资来说，可以减免资金亏损的局面，最大限度地保证本金的存在，另外还有着稳定的利息，会让大部分人理所当然地觉得“何乐而不为”。

现金，放在家里容易被盗，也容易损坏。人们便想到了银行，认为存进了银行，就等于给自己的钱上了保险。

很早就听说外国经常有银行倒闭，国人还沾沾自喜，认为银行破产不可能发生在中国，因为我们走的是社会主义道路，国有银行有政府这个强硬的后台作为支撑。

前一段时间，一个在银行工作的妹妹告诉我，中国的银行终于开始自负盈亏了，并且允许各个地方银行宣布破产。那么麻烦来了，我们的钱即使存进银行，也没有想象中那么安全了。

倘若你积攒了大半辈子的钱存进一家银行，刚好那家银行因管理不善，破产了，你会怎么做呢？

后来，我查看了一下相关政策得知，从 2015 年 5 月 1 日起，中国银行破产已经正式进入了政策允许范围和试操作阶段。但是仍然有一个基本的保额，即同一存款人在同一家银行所有存款账户的本金和利息在五十万元以内的，由保险公司全额赔付，而超过五十万元额度的，最多赔付五十万元。这么说来，对于小额存款的人来说，也不是完全没有保障。

无论如何，存钱作为一种长期的理财方式，最终算下来往往是亏本的。若你手里的钱不能通过其他投资方式转成商品而获得持续且较大的收益，就意味着你的个人财产在不知不觉中流失了。

银行会破产，说明有钱人越来越多了。因为钱都拿去投资了，所以就没有多余的钱再往银行里面存了，所以银行才会破产。

我曾看过一篇文章的抬头写道：坚持三个月不存钱，房价会跌，银行会破产。这篇文章写得非常好。看了之后，我只是更加确定，真正的有钱人根本不会往银行里长久存钱。

有一次喝下午茶，跟几个男性朋友探讨人民币贬值的问题。其中一位朋友开玩笑说："那好啊，我买一吨大米搁在仓库，几十年后再拿出去卖不就发财了。"

另一个朋友说："你傻啊，到那时你不是在卖大米，而是在卖米虫。”

我说：“几十年是不太现实的。每个人在社会上摸爬滚打的日子也就那么二三十年而已。我们把眼光放在三年之后和五年之后就已经很不错了。什么东西都有保质期，房子也不例外。如果想增值，就要学会维护和创新。比如我 n 年前买的房子，n 年后拿出去卖，我需要做的就是怎么让老房子看起来像新房子。但也不要想着花一次钱用一辈子，社会的经济需要靠频繁地消费来推动，若我们每个人靠着‘老古董’生活，这个世界还能谈什么发展。”

那么，是不是存钱的人都是穷人，而不存钱的人都可以变成有钱人呢？那可不一定。存钱，有时对一个有钱人来说，也是必不可少的，但是有钱人的存钱可称之为“智慧的存储”。

智慧的存储，建立在以下几个方面：

①启动资金，作为自己首个项目的投资的资金存储；

②按揭时的首付款的资金存储；

③每月创造足够多的收益，在满足一切购买欲望后所余下的资金存储；

……

无论是哪种存储，都有一个很重要的前提：一定要保证是短时间的资金存储。这个时间控制在多久算是合理，因人而异。对我来说，只要是不超过三年的存储时间，我都是可以接受的。钱不能久存，存储的时间拉得越长，钱贬值的风险就越大。

另外，还有一个很重要的前提，那就是不要重复两种思想观念给自己的潜意识：

①存钱才能让我变富；

②我若不存钱，我就更没有钱花了。

如果你不能控制自己的这两种思想观念，你就无法放开手脚进行投资，就会努力存钱，就很难从穷人的队伍中走出来。